诡异的进化

冉浩 著

科学普及出版社
·北京·

图书在版编目（CIP）数据

诡异的进化 / 冉浩著. -- 北京 ： 科学普及出版社，
2022.9
ISBN 978-7-110-10426-2

Ⅰ．①诡… Ⅱ．①冉… Ⅲ．①进化论—普及读物
Ⅳ．①Q111-49

中国版本图书馆CIP数据核字(2022)第040334号

策划编辑　邓　文
责任编辑　梁军霞
封面设计　朱　颖
责任校对　焦　宁
责任印制　李晓霖

出　　版　科学普及出版社
发　　行　中国科学技术出版社有限公司发行部
地　　址　北京市海淀区中关村南大街16号
邮　　编　100081
发行电话　010-62173865
传　　真　010-62173081
网　　址　http://www.cspbooks.com.cn

开　　本　880mm×1230mm　1/32
字　　数　250千字
印　　张　10.25
版　　次　2022年9月第1版
印　　次　2022年9月第1次印刷
印　　刷　北京盛通印刷股份有限公司

书　　号　ISBN 978-7-110-10426-2/Q·275
定　　价　58.00元

序　言

老实说，这本书的书名，除了“的”字，我一个词也不认同（笑）。演化决计不是诡异的过程，只是它相当纷繁，并且会时不时地相当出人意料罢了。而“进化”一词本身，虽然在公众中流行很广，但在生物学同行中却相当不受欢迎，我们更愿意用“演化”这个词。事实上，生物学家非常忌讳用“进步”或者“后退”来修饰演化，更厌恶用“高级”或者“低级”来形容生物。但是，倘若我将书名改成“正常的演化”，编辑大概是不会乐意的，甚至有一定的概率使劲儿地从我手中抽走出版合同（笑），所以，这个书名就暂时这样吧。

虽然生命的演化也许用诡异来形容并不恰当，但我们也要格外注意，不应将演化想得过于简单。演化是复杂的、状况频出的变化体系，以至于达尔文当年在完成他的划时代巨著《物种起源》的时候，也要强调那只是一本“摘要”，并直言不讳地承认有很多问题他不能解释。哪怕到了今天，已经过去了一个多世纪，我们仍有很多问题无法回答。因此，任何人倘若将生命的演化简化为从简单到复杂或者从低等到高等，抑或是单向的必然变化，那么，我们几乎就可以毫不客气地说，此人对生命的演化其实知之甚少，甚至很可能尚未入门。这本书的创作目的之一，就是纠正这些似是而非的观念，并向读者展示演化的一部分真意 —— 自然史是如此庞大的体系，以我微末的能力，大概也只能揭起冰山一角罢了。当然，这也是我多年以来的夙愿，现在能够实现一点，真的很棒。

这本书并非教科书式的写法，我对教条式的创作也不大欣赏，相反，你得从本书各个章节中去感受演化。与此同时，每个章节其实就如同一块块拼图，也唯有将整本书全部读完，才能展示出更多信息，而且我甚至建议你可以反复多读几遍，如果你会画思维导图，也可以不妨试试看，说不定会有更多的收获。按照我自己的想法，每一本用心创作的书，都应该是形成某种体系的，具有启发意义的，倘若您能从这本书中有所体会或收获，那将是我的荣幸。

此外，我相当期待翻开这本书的读者曾是我其他书的读者，倘若不是，那我期望未来会是。我越来越不倾向于在针对相同读者群的不同书中使用相同的内容（这是多么拗口的一句话啊），我怀疑这可能会让老读者厌倦，或者觉得我在凑字骗稿费。但是，对于一本书来讲，一些内容如果不在书中进行交代，哪怕它在其他书中有很细致的介绍，但对新读者来讲，却有可能形成阅读障碍，这也不公平，会影响书的完整性。所以，我现在的处理方式是有限地提一下，至少不要让它的缺失影响了阅读体验，然后，再给出我曾经在哪本书中细致讲解过这个现象，倘若读者朋友有更多兴趣，可以自行找来阅读，希望读者朋友可以理解。

对于这本书的出版，我要特别感谢邓文编辑及科学普及出版社相关的所有工作人员所做出的努力。书中，我引用了一些研究成果，但一些结论是直接从其研究数据中得出的，和其论文的研究结论未必一致。因此，即使您在本书中的参考文献中看到了某篇文献，只是说明我在创作的时候参看了此文献，并不代表我对其观点的认同。我会比较不同人的研究工作，然后给出尽可能靠谱的观点。但是，即使如此，由于成书仓促，研究的盲区等，疏漏和错误难以避免。如果读者有任何发现，欢迎不吝指正，再版时会进行修正。

本书的图片除了我和朋友拍摄的以外，相当数量来自CC版权协议的许可和商业图库的授权，我在文中做了相应的标注，在此我要特别感谢邓涛、张国捷、邢立达、许益镌、毕旭鹏、刘野、王亮、刘彦鸣、周旸、杨琛涛和庄宇辉等老师、朋友或学生提供的帮助。在此，也向这本书其他所有涉及的知名和不知名的摄影师致以真诚的谢意，感谢他们拍摄了这些精彩的照片。

最后，希望您在阅读本书的时候能有所收获。祝您阅读愉快！

冉浩

2022年2月

目录

第四章 · 漂亮的公鸡和十条性染色体

第五章 · 游泳懒与陆桥的形成

第六章 · 被吃者与吃者的盟约

第七章 · 尸体上的村子与深渊网络

布尔吉斯生物群中一群游过海底的皮卡虫（*Pikaia*），它们也被称为皮卡鱼，是原始的头索动物

图片来源：Coreyford/dreamstime/ 图虫创意

第一章 · 怪诞的虫子与三分体

怪诞虫与乌龙

1977年，当怪诞虫（*Hallucigenia*）的化石最初被报道出来的时候，科学家这样来描述它：这是一些会用7对足在地上走路的怪异家伙，它向上伸出触手，以便能够捕获猎物。由于这种背上长触手的特征，于是，这种古生物就有了怪诞虫的名字。

然而，随着化石证据的增多，原来认为的那7双“腿”看起来更像是尖锐的刺状物体，而那些触手却更像是运动结构。于是，又有人提出来，得把它的背和腹颠倒一下，让怪诞虫用带爪的足来行走，而在它的背上有7对长刺，这是用来防御敌人的，就像今天的刺猬一样。

但是，当时的问题是，所有的化石看起来都只有一列足……这玩意总不至于单边腿跳着走路吧？直到1992年，才有人在怪诞虫的化石中发现了第二列足，它们这才有了迈着步子前进的可能。科学家这才确认真的是把怪诞虫的上下弄错了。

然而，故事还没有结束。早期，人们发现一部分怪诞虫化石的一端会有一个圆球，它看起来像极了一个头部。于是，科学家们就假定，那个球体里集中了怪诞虫的神经，这是一类有着大脑袋的原始动物。于是，在这种复原图里，一种背上有刺，摇晃着大脑袋、拖着一条长尾巴徜徉在海底的家伙就登上了杂志，进入了教科书。

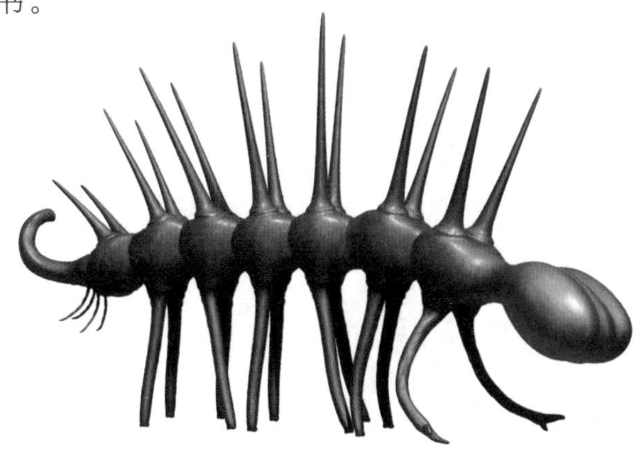

已经被“翻转”过来的怪诞虫，但它还有一个圆乎乎的“脑袋”

图片来源：warpaintcobra/Adobe Stock/ 图虫创意

但是，2015年，最新的研究却揭示出上面的观点又是一个大乌龙 —— 这团圆乎乎的物质根本就不是脑袋，而是一团被挤出来的内脏！这是化石形成过程中出现的意外。而怪诞虫的头在另一端，科学家在那里找到了它的眼睛和嘴巴，那里，很细很长，原来被认为是尾巴 …… 所以，怪诞虫前后也弄反了，它的形象还需要重新调整。

最终，怪诞虫的样子看起来应该更像一条毛虫，不过，它生活在水底。在怪诞虫身体的前部，还生有不少突出的触手，应该是起到感觉作用的。毕竟它的眼睛非常原始，很可能只有感觉光线明暗的功能，而没有真正的视觉。所以，怪诞虫可能更需要依靠触觉。

再次经过修正之后的怪诞虫，看起来还是很怪的样子

图片来源：dottedyeti/Adobe Stock/ 图虫创意

我们推测，怪诞虫很可能取食水中的浮游生物，也有可能啃食海底其他运动能力比较差的生物。而且，我们在它的嘴巴里发现了类似牙齿的结构。

至于怪诞虫在生物演化中的地位，则又是一个争论的焦点，不知道将来哪些科学家又会掉到这个坑里…… 一些科学家认为怪诞虫和昆虫的关系非常近，它甚至可能是今天的昆虫等无脊椎动物的祖先；而另一些科学家则认为它们完全进入了生物演化的死胡同，是一个演化的旁支，并没有留下后裔。

事实上，科学就是这样，它是一个不断纠错的过程，弄个乌龙之类的也没什么，毕竟科学家也是人，有自身视野的局限和能力的不足。但只要尽可能遵循科学的研究方法，有错改了就好，那就是进步，这也可以增进我们对这个世界的了解。

自己弄出来的乌龙也不少了，我也都大大方方地承认了，比如说我在《非主流恐龙记》里提到刚转入这个领域时，我把琥珀里封住的蚂蚁尸液错认成了真菌。还有，我在鉴定蚂蚁的时候也出过各种状况，不过还好，我的鉴定大多数是靠谱的。幸运的是，到目前为止，我的每次乌龙都是在正式发表之前被拦住了，但我可不能保证下一次还这么幸运。说不定下一次我就会发表个乌龙出来，若是如此，欢迎批评指正，在科学研究方面我不怕丢人，只要能接近真相，实现自我成长，那就值了。不如我先自曝点料如何？

读过我其他图书的朋友可能知道，在我广泛的动物学兴趣中，最核心的兴趣是社会性昆虫中的蚂蚁。大概十来年前，我遇到了一种生存在沙漠中的蚂蚁，出于保护动物的原因，具体位置请恕我不能奉告。这种蚂蚁在沙地筑巢，跑得飞快，最奇特的是，乍一看，它们通体几乎白得透明！这可相当罕见。我们都知道自然界里有一类叫白蚁的昆虫，但是，它们可

顶图为采集到的蚂蚁活体在野外的照片，剩余图为大工蚁标本照，比例尺为1毫米

图片来源：邓正楠和刘彦鸣　摄，本书作者整理

不是蚂蚁。白蚁是古老得多的动物，它们的近亲是蜚蠊，也就是蟑螂那一类动物，所以，白蚁也被称为社会性蜚蠊。但蚂蚁不一样，起源自蜂类，是年轻得多的昆虫类群。通常来讲，蚂蚁的颜色主要有黑色、褐色和黄色，少数种类会有红色和绿色，但几乎没有纯白的物种。

我很兴奋。通过初步的鉴定，这种蚂蚁应该归入箭蚁类。箭蚁是主要生活在荒漠和较干旱地区的蚂蚁，它们善于奔跑，行动迅速，在我国北方地区有一些箭蚁物种生存，最常见的可能是艾箭蚁。但艾箭蚁是黑色的蚂蚁。

箭蚁类中的一些物种相当适应干旱和炎热的环境。比如银丝箭蚁（*Cataglyphis bombycina*），世界上奔跑速度最快的蚂蚁，每秒钟可以前进855毫米，相当于自身体长的100多倍；换算一下的话，相当于一个身高1.8米的人每秒瞬移200米。它们也被称为“银蚁”，在户外活动时能够像镜面一样反射阳光。通过对其体表的扫描电镜观察，其中的奥秘也被揭开——它们体表的纤毛呈三棱形，就像棱镜一样可以起到折射和反射的作用。而眼下的白色箭蚁也吊足了我的胃口，它们的体色是不是也和适应沙漠环境有关呢？

正在觅食的银丝箭蚁

图片来源：Bjørn Christian Tørrissen/Wikimedia Commons/CC BY-SA 3.0

我从没听说过在中国有这样的蚂蚁，查了一通资料以后，我觉得它可能是个新种。之后，我请教了几个朋友，其中还有一位外国专家。大家也觉得可能是个新种。

于是，我开始着手写这篇定名新种的论文。写作过程还算顺利，标本不仅拿去拍了照，还送去进行了扫描电镜。但是，在这篇文章里出现了一个疏漏。通常，在定名新种的时候要把我国周边的这类蚂蚁全部摸一遍，并且写出一个可以在形态上区分每一个物种的检索表。但是，有些物种的定名年代非常久远，定种还不够规范，文字描述也非常简练，甚至连图都没有，而且，很多还是德文、俄文写成的，看不懂。有两个物种我就遇到了这个情况，不过好在费了点儿力气，我拿到了模式标本的照片。其中有一种，叫淡色箭蚁（*Cataglyphis pallida*），和我手里的蚂蚁比较像。但是模式标本呈现出淡黄色，相比之下的颜色要深得多，加之先入为主的想法，在这种情况下，我还是将它们两个判定成了两个不同的物种。实际上，用体色作为区分种的主要依据，是太冒进也太不专业了，我不止被一位老师这样告诫过，但当时兴奋的我早就把这些告诫抛之脑后了。

然后，论文就被投了一家 SCI（《科学引文索引》）源期刊。运气非常好的是，两位审稿人中有一人比较熟悉亚洲的蚂蚁，而且他采集到过淡色箭蚁，他给了我很重要的提示，觉得这种蚂蚁很可能就是淡色箭蚁。这让我感到非常意外，赶紧请朋友帮忙读了俄语的文献，然后再重新审视标本，确实有很大概率是淡色箭蚁。而没过多久，我拿到了第二批蚂蚁样本，这批样本也使我彻底死心了。新的标本颜色要深一些，不再是纯白的颜色，其他各方面也都和淡色箭蚁匹配。看来，体色的差异属于种内差异，之前真的是我见识浅薄了。不过，我似乎不是第一个犯错的，听说国外有位同行在这种蚂蚁上也和我犯了差不多的错误，而且据说他的论文已经发表了。我该说，自己是非常幸运的，审稿人同行评议的这个关卡确实发挥了应有的作用。

第二次遇到的淡色箭蚁，看起来它们的体色能够很好地融入沙地的背景环境，更可能是一种保护色

图片来源：本书作者　摄

就在前不久，我和一位蚁学家又差点出了错。我们之前在云南采集到了一种黑亮的毛蚁样本，由于分布海拔和形态学特征都和北

方的亮毛蚁（*Lasius fuliginosus*）差不多，而且通过查阅当地的文献，那里也有亮毛蚁的记载。于是，我就初步将样本鉴定为亮毛蚁了。不过，在另一位蚁学家复核的时候，他发现这个样本和亮毛蚁是有细微区别的，而且他也采到过这个样本，他认为是一个新种。我们就准备把周边的毛蚁排查一下，看看有没有可能发表一个新种。这一次给了我们重要提示的是基于现代分子生物学的 DNA 测序技术。我们测序了样本的分子条码，这是一段保守的 DNA 序列，或者说，在同一个物种内，这段序列几乎是很少变化的，可以通过样本之间的序列差异程度来判断有没有可能是同一个物种。样本中的 DNA 条码测序出来以后，我们把测序结果和生物分子数据库中的数据进行了比对。这一比对，出现了新的提示，这个序列和大毛蚁（*Lasius spathepus*）的 DNA 条码高度匹配！于是，我又找来大毛蚁的资料，从形态学上进行比对，果然，就是大毛蚁。于是“新种研究”到此终止。不过，这种蚂蚁后续还有别的有意思的事情，将来有机会了我会再细致讲讲。

你看，现代蚂蚁等动物的鉴定能找到活体或完整的标本，也可以借助现代生物技术，即使不算新手，尚且如此磕磕绊绊；而那些只剩下残片、碎骨的古生物的迷惑性要大得多，其鉴定难度也就可以想象了。不过，像怪诞虫这样如此一波三折改来改去的，仍然不多见，说到底，还是这类动物实在太特殊、太出人意料了。

一个特别的时代

怪诞虫所在的时代，是一个微型怪兽频出的地质时代，那个时代名为寒武纪，时间跨度从距今5.41亿~ 4.85亿年前。那是一个生物多样性迸发的时代，也是古生代的开端。

这事得从六七亿年前说起，极可能在距今约7亿~6.35亿年前，地球上发生了一次规模巨大的冰期，几乎整颗星球都被冻结，之后，在5.8亿年前又有一次小规模的冰期。这个时期是地球生命非常难挨的阶段之一。不过之后冰川退去，也给了新兴的生命体巨大的发展空间。随着蓝藻等光合生物恢复了勃勃生机，大气中的氧含量逐渐提高，海洋动物群也迎来了新的时代。

Jégou.

狄更逊水母（*Dickinsonia*）化石

图片来源：Alizada Studios/Adobe Stock/图虫创意

大约在距今5.75亿年前，也就是在震旦纪，海洋动物蓬勃发展的序幕已经拉开。在澳大利亚南部、纽芬兰、俄罗斯北部和中国华南地区发现了“埃迪卡拉生物群（Ediacaran Biota）”，这是一群奇怪的多细胞生物，也很可能包括了地球最早的多细胞动物群体。

这个时期的动物可能主要是刺胞动物，虽然说是动物，但实际

◀ 埃迪卡拉生物群场景图，图中黄色圆盘状的是星盘虫（*Tribrachidium*），看起来似乎有头的是斯普里格蠕虫（*Spriggina*）或者叫斯普里格水母，像树叶一样的是伦吉虫类（Rangeomorphs）动物。此外，图中还有一只狄更逊水母（*Dickinsonia*），以及浮游的水母和近处的海绵。

图片来源：sciencephotolibrary/图虫创意

上它们普遍运动能力很差，甚至不能运动。通常，这些动物身体扁平，像古怪的海藻，有些则是一些管状结构。扁平的身体可能是为了从水中更好地吸收氧。我们无法从多数动物身上区分出头、尾、肢体或者嘴和消化器官，因此，它们很可能是从海水中摄取养分的滤食性动物。它们多数只是静静地待在海底，可以说，这是动物的早期启蒙阶段。其中的一些，将会演化出更具活力的新型动物，另一些则随着对方的崛起而迅速从生命的舞台上消失。不过，关于埃迪卡拉生物群，近年来也有一些新的说法，如格雷戈里·瑞塔莱克（Gregory Retallack）在2013年的《自然》杂志上撰文，认为其可能是一些陆生的地衣，那它们就该放到和陆生植物比较接近的演化位置，而非动物或者其他海洋生物。但目前，这一观点尚未被普遍接受，倘若如此，我们的认知还得再变变，让我们在未来拭目以待。

过了大约3300万年，在2000万~3000万年的一个较短时间内，几乎所有现代动物的祖先都出现了，这个时间正值寒武纪。因此，这一轮快速演化也被称为“寒武纪生命大爆发”，事实上，也只有这一次被正式称为“生命大爆发”。

在我国云南省著名的澄江生物群（Chengjiang Biota）就处于寒

武纪早期，这是埃迪卡拉生物群之后的下一个时代，距今约为5.2亿年前。澄江生物群是一个化石宝藏，在这里发现了种类繁多的古生物化石。这里也有怪诞虫，它们在之后的布尔吉斯生物群中也有发现，怪诞虫这个类群可能从寒武纪早期一直生存到寒武纪结束。

澄江生物群包括了最早拥有明显腿部、头部、感觉器官、骨架和外壳的动物 —— 各种统治着海洋的无脊椎动物，当然，这里面也包括我们耳熟能详的三叶形虫类动物。云南大学侯先光研究员和刘煜研究员的团队还在这里找到了早期的泛甲壳类动物，也就是今天的昆虫和虾蟹之类的祖先类群。

在澄江生物群化石埋藏点进行的发掘工作。蓝色圈状标记为距离标记，便于工作者快速定位至相应层位，除此之外还会绘制不同记号标记砂岩层、特殊岩层及事件层

图片来源：庄宇辉 供图

和所有处于鼎盛时期的动物一样，寒武纪的无脊椎动物中虽然体形微小者居多，但依然出现了巨型个体。经常在各种科普读物中

澄江生物群中的镜眼海怪虫（*Xandarella spectaculum*）化石，这是一个侧面保存的样本，它属于早期三叶形虫类动物。an：触角；en：内肢；ex：外肢；ey：眼；hs：头盾；p8-p17：触角后体节；ex/en1-17：触角后的内肢或外肢。比例尺为 5 毫米

图片来源：Liu et al.,2015/Scientific Reports/CC BY 4.0

澄江生物群的优美灰姑娘虫（*Cindarella eucalla*）属于早期三叶形虫类动物。上图为化石，下图为复原图。优美灰姑娘虫拥有非常发达的复眼，其视力可能比当代相当多的节肢动物都要好

图片来源：Zhao et al., 2013/Scientific Reports/CC BY 4.0

被提到的奇虾（*Anomalocaris*）早在澄江生物群时期已经登上了历史舞台，并且延续到寒武纪的中后期。它是节肢动物的近亲，虽然没有发育出分节的附肢，但是身体已经分节，大型的奇虾体长可以达到1米，比今天大多数虾蟹都大上不少，在那个缺乏大型动物的年代，它可是可怕的海洋捕食者。奇虾有一张巨型的口，里面有4个大牙板、32个小牙板，这张原始的嘴在咬合时上下牙板不能接触，因此人们常在三叶虫化石上发现“W”形的咬痕。它们最突出的特点是口两侧的两个显眼的附肢，其可能有辅助进食的作用。此外，奇虾的复眼含有极多个小眼，这双眼睛即使在现代也算锐利，而在那个大多数动物只能分辨白天和黑夜的时代，牢牢控制着主动权。

与埃迪卡拉生物群时期相比，寒武纪的动物有了一系列进步，包括附肢等身体结构的出现，使动物的运动能力有了较大的提高，并且开始产生坚硬的外骨骼，起到了保护作用等。分节的液压型身体是这个时代比较有代表性的结构，并以此为基础从而派生出了后来的节肢动物，这个演化支脉的动物也被统称为原口动物（Protostomia）。

在加拿大发现的布尔吉斯生物群（Burgess Shale Biota）比澄江

生物群更晚，距今约5.05亿年前。这个时期的动物较之前更加进化，或者说是特化，如三叶形虫类中出现的马尔虫（*Marrella*）。马尔虫在布尔吉斯生物群中非常常见，这是一些体长不足2厘米的小型节肢动物。特别是当海洋霸主还没有强劲的上颌和锋利的牙齿的时候，它怪异的长刺可能会起到一定的防御作用。它可能是底栖的

动物，也许会挖洞。而欧巴宾海蝎（*Opabinia*）具有不完全钙化的外骨骼，最显眼的地方是它头部有5只眼睛，还有一个带爪的吻部。这个吻部也许是用来捕捉小虫，或者翻动泥沙寻找食物的。如果这一推论正确，它的吻部有可能是可以收起的。欧巴宾海蝎并非大型动物，它的体长只有4 ~ 7厘米。

在寒武纪，除了这些原口动物，还有另外一支力量也正在静静地演化着，也许此时它们还很弱小，但迟早会登上这个星球诸多食物链的顶点。

寒武纪海洋场景复原图，图中比较明显的有奇虾、欧巴宾海蝎和怪诞虫

图片来源：dottedyeti/Adobe Stock/ 图虫创意

逐渐补全的演化链条

我们都知道，包括人类在内的脊椎动物都属于后口动物（Deuterostomia）。与原口动物不同，在胚胎发育过程中，原口动物发育成口的地方被后口动物封闭或用作了肛门，后口动物的口则开在了别的地方。说得难听点，就是我们的肛门和昆虫的口是同源的，也就是正好长反了。

后口动物和原口动物的另一个重要区别就是鳃，后口动物用鳃呼吸，虽然我们这些登上了陆地的类群改用了肺，但是在我们胚胎发育的早期，仍然会出现鳃的结构。而原口动物则是用表皮及表皮发育成的附肢、皮鳃等进行呼吸的。

所以，后口动物和原口动物属于两个不同的演化方向。和原口动物分节的身体不同，后口动物的身体是三分式的，也就是由头、躯干和肛后尾组成。肛后尾是个比较新鲜的词儿。如果你认真观察就会发现，昆虫的肛门和猫狗的肛门位置是不一样的。昆虫的肛门通常在尾巴尖上，而猫狗的肛门则是在尾巴根附近。猫狗这类在肛门后面的尾巴，就叫肛后尾。

目前，已知最早的三分式后口动物是昆明鱼（*Myllokunmingia fengjiaoa*）和海口鱼（*Haikouichthys ercaicunensis*），是1999年由舒德干院士领衔发表在《自然》杂志上的。舒老师的讲解我有幸当面聆听过一次，很有收获。但是本书接下来提到的内容并不完全与舒老师的介绍相同，要是我哪里写得不对，是我学艺不精、理解能力不足，不能甩锅到老人家身上；同时，也欢迎读者朋友不吝指正。

有意思的是，海口鱼的“海口”可不是指的海南的省会，而是昆明滇池附近的海口地区，两条鱼形动物都是在那里发现的，地层位于寒武纪早期，属于澄江生物群。这两条鱼形动物的所属时期比之前所有人预想的都要早。《自然》杂志甚至还专门为此发表了一篇评论，标题就叫《捕捉第一条鱼》（*Catching the first fish*）。

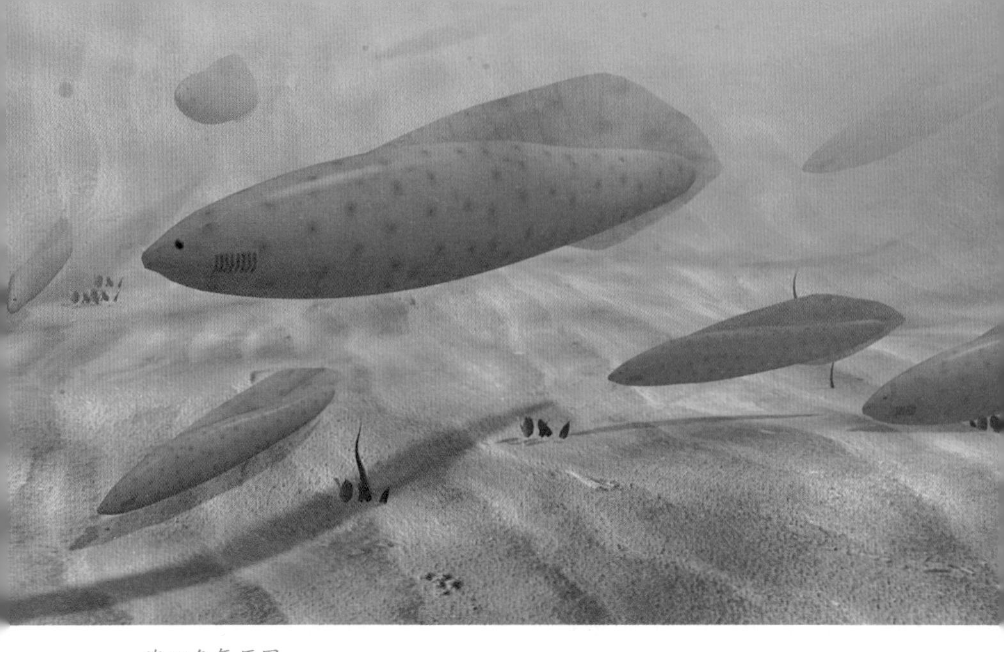

海口鱼复原图

图片来源：Talifero/Wikimedia Commons/CC BY-SA 3.0

海口鱼化石，蓝色箭头所指位置

图片来源：本书作者　摄

昆明鱼和海口鱼是处于有头和无头的中间过渡类型，它们不仅有了一对眼睛，也有了初步的脑结构。这就让我们思考，这些鱼形动物更早期的结构会是什么样子呢？

再往前追溯，那就是缺少真正的头的时候，即头和躯干没有明确的界线，也不能区分出来的状态；不过，肛后尾已经存在。这样的话，就是二分式的躯体，或者直接叫作二分体。这样的生物类型，在当代还真的有孑遗，如尾索动物和头索动物。目前看来，尾

尾索动物灯泡海鞘（Clavelina lepadiformis）群体

图片来源：Julien Renoult/iNaturalist/CC BY

索动物和我们脊椎动物的亲缘关系似乎更近，它们也被称为被囊动物（Tunicata），比如各种海鞘和住囊虫等。不过尾索动物似乎没有完全走在向脊椎动物演化的大路上，它们中的一些类群仅在幼体期具有神经索，而成体却不再具有这一结构。著名的文昌鱼（*Branchiostoma*）则属于头索动物，这类鱼形动物一直被当作生物教科书中的重要素材。

在澄江生物群中，也有类似的发现，比如好运华夏鳗（*Cathaymyrus diadexus*）。这是舒老师1996年在《自然》杂志上报道的。在这块化石上可以看到咽腔、鳃裂、脊索、人字形肌节、肛门和肛后尾，和今天的文昌鱼看起来已然差别不大。这种类型的二分体，可以被看成“高级二分体”，应该也是最古老的头索动物了。

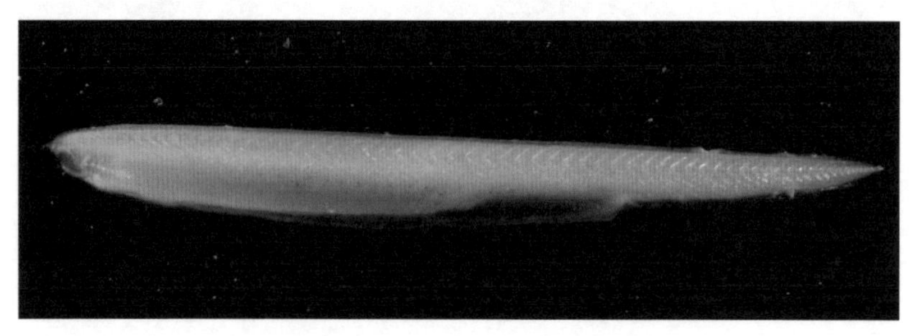

一种文昌鱼，文昌鱼是远古孑遗类群，目前仍有多个物种

图片来源：sciencephotolibrary/图虫创意

再往前追溯，二分体可能就没有脊索了。它们是古虫类（Vetulicolia），同样可以在寒武纪早期的地层中发现，代表是地大虫类（Didazoonidae），同样来自澄江生物群，同样是舒老师领衔团队的成果。这些动物有原始的口和鳃裂，并且有了尾的结构。古虫类的咽腔很大，很可能是滤食性的生物，水从口部进入，从鳃裂流出，一方面获得了氧，另一方面也获得了食物。但是古虫类的肛门还在尾部末端，这应该代表着一种过渡类型。

地大动物的复原图
图片来源：Mr Fink/Wikimedia Commons/CC BY-SA 3.0

倘若继续往前追溯，大概就是没有尾，甚至是没有肛门的动物了。幸运的是，2017年韩健老师和舒老师的团队找到了它。这次，没有在澄江生物群，而是在陕西的寒武纪早期地层中被发现。

相关文章也成了当期《自然》的封面文章。这是一种非常微小的多细胞动物，冠状皱囊虫（*Saccorhytus coronarius*）。冠状皱囊虫个体只有1毫米，基本是个球形，或者说，是一个囊状的生物。但是，这个囊有口，并且有类似鳃孔的结构。我们基本可以推定它的生活方式——水从口部被吸入，然后从鳃孔流出，皱囊虫在这个过程中摄取氧，排出二氧化碳，吸收营养并排出废物。由于没有肛门，它的废物应该是从鳃孔或者是从口排出的。这真是一个奇妙的发现！

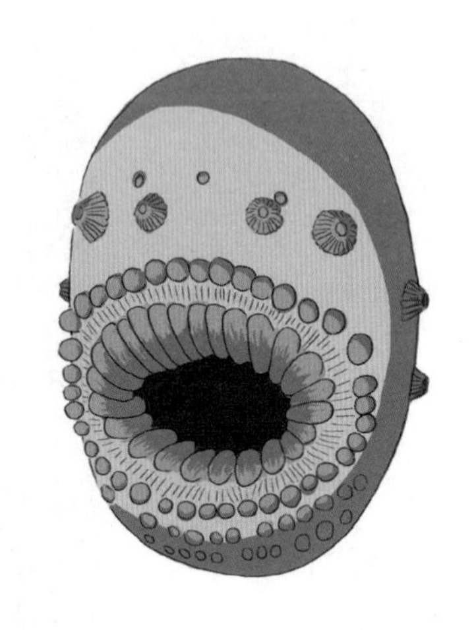

冠状皱囊虫复原图

图片来源：本书作者根据原始文献绘制

你看，也就是距今约0.4亿年，寒武纪用占地球历史不足1%的时间，快速演化出了地球上几乎全部的动物类群。

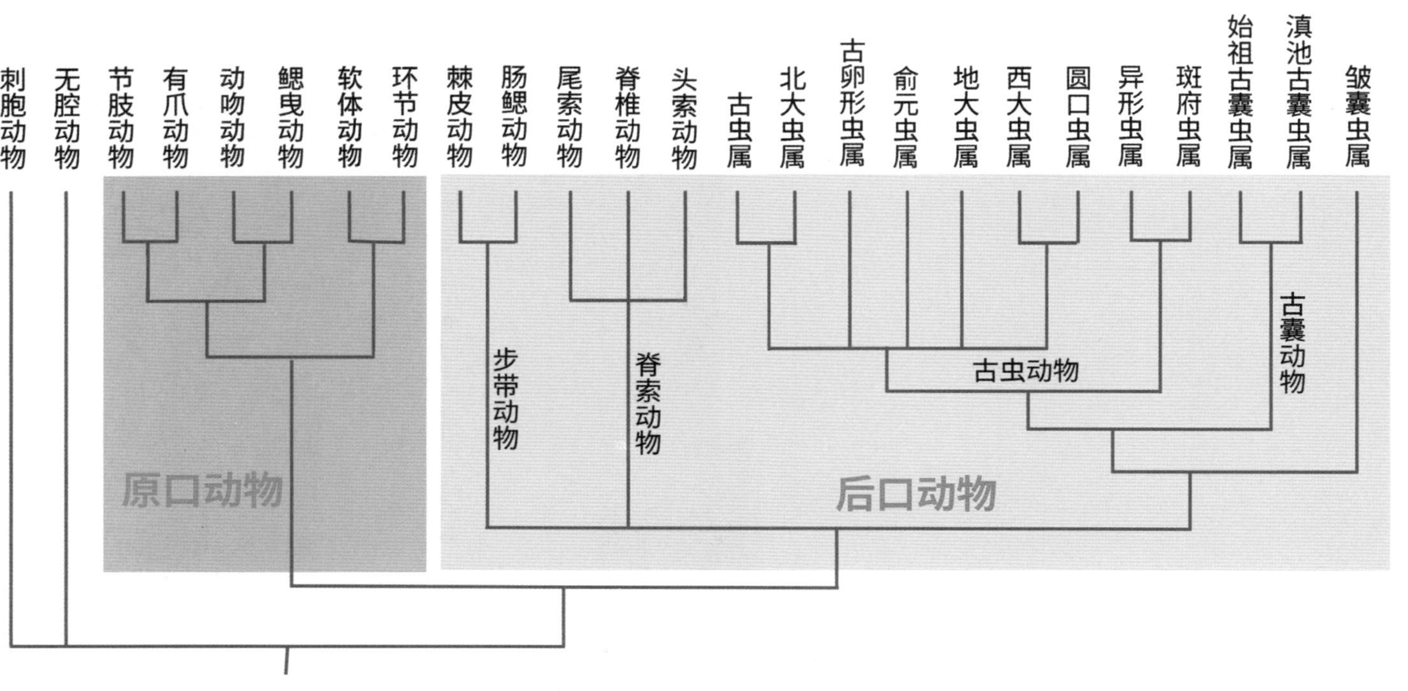

原口动物和后口动物的演化关系，根部为共同祖先。你可以找到本章提到的一些类群，在未来，该发育关系还有很大的概率被修正

图片来源：本书作者根据韩健等绘制的系统树重新制作

早期脊椎动物登陆复原图

图片来源：刘野　绘

第二章·登上陆地到重返海洋

鱼在上岸之前

2021年初，张国捷教授打来了电话，告诉我课题组将有两篇背靠背的论文发表在顶级学术刊物《细胞》（*Cell*）上，是关于古鱼类登陆的事情。好家伙，这才刚刚有一篇哺乳动物的论文在《自然》上发表了没多久！我在这本书的后面会提到这个发现，它对这本书的完整性而言，有着非常重要的意义。而大约2个月前，他还有2篇万种鸟基因组项目的文章发表在了《自然》杂志上，还是封面文章。难怪国外的同行评价他是学术界的“a rising star（一颗冉冉升起的明星）”。

这两篇新论文，一篇是国捷作为主要通讯作者，另一篇论文的主要通讯作者则是王文教授。在这里，我觉得有必要解释一下学术论文的作者地位问题。对论文来讲，有两个重要的署名排序位置，一是首位，二是末位。首位的作者被称为“第一作者”，是论文的主要撰写者，工作最突出的贡献者。有时候成果参与的人很多，而且贡献也都很大，这时候可以追加“共同第一作者（co-first author）”，也就是署名在第二、第三位等，但贡献度基本与第一作者相同。末位则通常是通讯作者署名的地方，“通讯作者（corresponding author）”是研究项目的领导者和组织者，通常也是研究思路的提出者和研究方法的确定者，通讯作者要负责审核全文的科学性，并对论文负最大责任。另外，很多时候，一篇论文如果是老师带领学生做的，那学生通常署名第一作者，老师署名通讯作者；当然，并不是所有的论文都是师生关系，如果恰好有两个重要的作者，通常的处理方式就是分别署名第一作者和通讯作者。有时候，一篇论文符合通讯作者条件的不止一人，那就要增加分量相应的共同通讯作者，至于主要通讯作者，就是在通讯作者中分量最重的那个。除了上述重要的作者以外，其他作者按照贡献度大小排名，称为“合作作者（co-author）”。你看，一篇论文的作者系统是不是很复杂？那是因为现在与过去不同，一两个人的小作坊式研究已经不能胜任一些重要的研究，往往需要很多科学家和研究机构通力合作才能完成。也正是因为如此，才要在成果发表的时候根据贡献度，分配不同的作者位置。

除了国捷，我对王文老师也比较熟悉，他是一位非常有建树的学者。2019年的时候他曾经主导在美国的《科学》(*Science*)杂志一下子发表了3篇论文，解决了反刍动物的演化问题。国捷带我在王老师那蹭过烧烤，也蹭过铁锅炖菜，烧烤那次让我对昆明春季夜间的冷风尤其记忆深刻。

国捷花了大约15分钟给我解释论文的核心内容，哪怕我对鱼类的演化略知一二，也深感信息量之大。国捷工作的特点就是这样，信息量很大，而且总有让人惊喜的发现。

就让我们先从鱼类开始这个故事，尽管它们似乎是我们非常熟悉的动物类群，但其实鱼类的演化系统可能远比常人想象得要复杂。严格来说，我们所谓的鱼类，其实是一个相当宽泛的说法，它包含了太多的类群，也许叫作鱼形动物才更贴切一些。比如被一些食客奉为美味的七鳃鳗，其实连颌都没有。颌的出现大约是在距今

4.6亿年前的时候，颌的出现第一次赋予了脊椎动物张口咬的能力，在此之前，无颌类只能用嘴吸或者刮。于是，伴随着这一巨大的进步，在之后的几千万年内，有颌类鱼形动物迅速取代了一度非常兴盛的无颌类鱼形动物，成了水中的霸主，而在今天，无颌类只有七鳃鳗、盲鳗等硕果仅存的几支。

在有颌类中，又相继演化出了软骨鱼类和硬骨鱼类，今天，软骨鱼类以鲨类等为代表，而硬骨鱼的类群可就极为庞大了，它可以分成两支大类群，一支是辐鳍鱼（ray-finned fishes），另一支则是肉鳍鱼（lobe-finned fishes），两支起源的时间差不多，可以追溯到距今大约4.18亿年前。

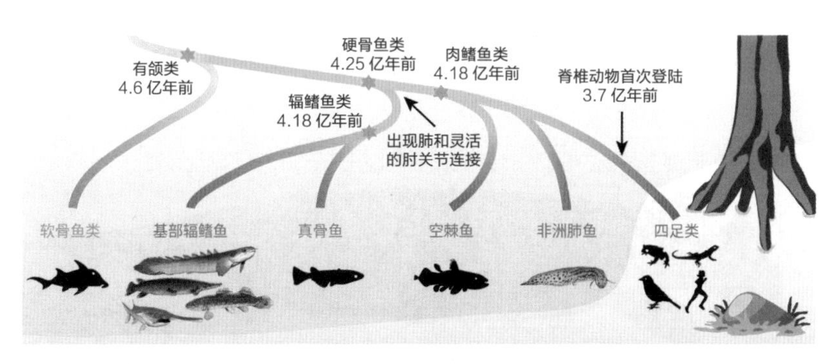

主要现生脊椎动物类群演化简图

图片来源：毕旭鹏等　绘

辐鳍鱼的鳍具有基本平行并略向外辐射分布的分节骨质鳍条和不分节的硬棘。在鱼类中占到了绝大多数的真骨鱼类（teleosts）就属于辐鳍鱼，你经常吃到的那些鱼例如草鱼、鲤鱼、鲈鱼、黄鱼等，绝大多数属于真骨鱼。此外，在辐鳍鱼中还有一些更具有原始特征的鱼类，它们也被称为基部辐鳍鱼，是来自远古的孑遗物种，如多鳍鱼、雀鳝、弓鳍鱼、匙吻鲟等，可以称为古代鱼。

塞内加尔多鳍鱼，有多达8个背鳍，通常辐鳍鱼可没有这么多背鳍
图片来源：Brian Choo 绘

鳄雀鳝，美洲的大型淡水鱼类，生性凶猛
图片来源：Brian Choo 绘

弓鳍鱼，北美洲的淡水鱼类，凶猛的肉食性鱼类

图片来源：Brian Choo　绘

匙吻鲟，美洲鱼类，滤食性

图片来源：Brian Choo　绘

肉鳍鱼在鱼类中占少数，却是和我们亲缘关系最近的类群，某种意义上来说，我们得算上岸了的肉鳍鱼。例如，著名的空棘鱼、肺鱼等都属于肉鳍鱼。肉鳍鱼的鳍里存在中轴骨，鳍的“肉质”部

分看起来也格外长，鳍往往呈矛状。多数肉鳍鱼都已经灭绝，而剩下的这些也可以称为古代鱼。

非洲肺鱼是肉鳍鱼类，它们与分布在美洲和澳洲的肺鱼都属于古代鱼
图片来源：Brian Choo　绘

矛尾鱼（*Latimeria chalumnae*）标本。包括空棘鱼在内的总鳍鱼类一度被认为已经全部灭绝，直到 20 世纪上半叶发现了矛尾鱼
图片来源：本书作者　摄

这两篇背靠背的论文，国捷领衔的这篇主要以多鳍鱼为研究材料，兼顾其他基部辐鳍鱼，而王老师这篇主要从肺鱼等肉鳍鱼切入，

两篇文章合在一起，就能追溯到早期的硬骨鱼，并解读一系列演化事件。当然，对国捷来说，他最关心的还是鱼类登上陆地这件事情。陆生脊椎动物的祖先在水中，这已经成为一个共识，但从水里游的鱼到地上爬的四足动物的演化过程却一直都没有理顺。特别是关于运动和呼吸这两个问题 —— 鱼鳍如何转变为四肢，鳃呼吸如何转变为肺呼吸。

早在达尔文时代，他就提出了肺和鱼鳔同源的观点，并且认为肺是由鳔演化来的。那么，达尔文的这个观点正确吗?

达尔文对了，也错了

尽管关于鳔和肺谁更先出现的问题一直很有争议，但是鳔先出现的声音一直都要大一点。一方面是现代多数鱼类都是真骨鱼，真骨鱼有鳔的特征几乎被放大成了所有鱼类的特征，以至不论是教科书还是科普书，在相当多的出版物中都把有鳔作为鱼类的特征之一。哪怕介绍肺鱼这种会在旱季躲到泥浆里做茧休眠的古代鱼时，也会这样解释它们的这项能力——它们的鳔能呼吸空气，起到了肺的作用，因此肺鱼可以在干旱的季节仅依靠泥茧中的一点湿度度过艰难的时期。你看，仿佛从有鳔的鱼类到能用鳔呼吸的肺鱼，再到陆地上生活的、用肺呼吸的动物，这是多么完美的演化链路。

倘若真是如此，我们就未免太小看演化的复杂性和生物的多样性了。

国捷论文的第一作者，课题组的毕旭鹏研究员为我介绍了研究的主要材料 —— 神奇的塞内加尔多鳍鱼（*Polypterus senegalus*）。

塞内加尔多鳍鱼

图片来源：ben/Adobe Stock/ 图虫创意

塞内加尔多鳍鱼是基部辐鳍鱼，也是古代鱼的一员，生活在非洲，它的族群出现的时期，要早于真骨鱼等辐鳍鱼。塞内加尔多鳍鱼没有鳔，但是它有肺，原始的肺。这个肺究竟是什么样的呢？它就像我们的肺一样，分成左右两叶一样，而且是“实心”的实体肺。多鳍鱼的肺直接向外连接到头顶的喷水孔，可以直接从那里吸入空气。而且多鳍鱼的鳍还非常灵活，可以在水中爬行。

这就不禁让我们感到困惑：倘若如达尔文所言，鳔是由肺演化而来的，为什么原始的多鳍鱼有的是原始的肺，而不是鳔？反而在后来的真骨鱼中才有鳔？而且为什么作为辐鳍鱼姐妹群的肉鳍鱼中的肺鱼也会有能呼吸的“鳔”？肺鱼的“鳔”到底是肺还是鳔？难道在演化过程中，多次独立演化出了肺这个结构吗？抑或达尔文所猜测的根本就是错误的？

国捷他们的研究就是为了找到这个答案。

他们使用了基因组学的手段，也就是从生物的遗传信息上去寻找答案。我们都知道，生物的遗传信息被储存在了一种叫作 DNA 的核酸类生物大分子中，它们就存在于我们的每一个细胞中，主要在这些细胞的细胞核里。在那里，每条 DNA 分子都与蛋白质结合形成了被称为染色质的丝状物质，这些丝状物质会在细胞分裂时形成被称为染色体的棒状物质。染色体就是细胞中遗传物质的载体。至于为什么染色体会有这样一个与颜色有关的名字，那就是生物学研究历史上的一个老故事了，我在《寂静的微世界》这本书里进行了详细介绍，有兴趣可以找来翻翻看。在 DNA 分子上，有着成对排列的碱基，它们按照一定的顺序组合起来，就像书本上的文字一样，记载了来自祖先的遗传信息，也决定了我们将成为什么样的生物。这些碱基序列，有些是有意义的，有些是没有意义的。就像一本被誊抄了很多遍的古籍，由于在誊抄过程中积累了各种错误和变化，其中一些句子已经完全不可读，不知道原本的意义了，还有一些在誊抄过程中甚至产生了完全不同的语意，甚至更有一些段落则在同一本中被反复誊抄，并衍生出了相似但不同的内容。然而，即使文字在誊抄过程中出现了变化，哪怕是相当大的变化，只要我们去深挖数据，分析线索，仍然能够重现其中的一些变化，尤其是当我们手中有很多个不同版本的时候——比对处于不同演化地位的生物的遗传信息，我们将有望追溯至演化的源头。

在演化历程中，相似的生理结构往往会扰乱我们的认知，一些相似的生物有可能是不同起源的，比如蚂蚁和白蚁，虽然它们在很多方面都非常相似，但是，它们的亲缘关系相距甚远。还有一些演化事件可能发生过不止一次，如在蜂类和蚂蚁等膜翅目昆虫中，社会性的起源可能至少有十多次。这都使厘清它们的演化关系变得困难重重。这就好比解一道复杂的数学题，最终，所有人都得出了相同的结果，他们未必使用了相同的解题思路，而你却看不到解题过程。尽管化石记录能够在这方面提供一些帮助，却仍不完善。

但遗传信息不会说谎，“解题步骤”就藏在生物的核酸序列之中。通过对生物进行基因组和转录组测序，我们能够得到这种生物近乎全部的遗传序列信息，也能够知道哪些基因会在什么地方发挥作用，后者也叫基因的表达。在基因组中，存在着一些几乎不会变化或变化很慢的保守序列。在同源的器官上，也会有相应的基因在发挥作用。它们就像一个个路标，锚定在演化的路线上，只要找到它们，演化的关系就能够迎刃而解。

研究团队比对了多个物种，进行了相关转录组测序，在基因的层面确认了肺和鳔是同源的，也确认了不管是多鳍鱼、肺鱼还是我们四足动物的肺，也都是同源的。换言之，肺的历史确实要比鳔久远得多，达尔文虽然弄对了肺鳔同源的关系，但却搞错了它们的演化顺序——原始的肺先出现，之后，在向真骨鱼演化的过程中，才产生了鳔。

换言之，在鱼类演化的更早期，它们已经开始为登陆做准备了。既然早期的鱼类有了呼吸空气的准备，那么它们是否也在为上岸运动做准备呢？从多鳍鱼身上，我们也能发现线索。这些鱼类具有在水底爬行的能力，它们的鳍比真骨鱼的鳍要灵活得多。当然，我们陆生脊椎动物的肢体更加灵活，那是因为我们具有一种特殊的结构 —— 滑膜关节。正是因为这些关节的存在，我们才能做出各种精细的动作。

基因组的研究显示，一个调控滑膜关节产生的关键基因元件，在多鳍鱼中已经存在了，这意味着滑膜关节的酝酿是出乎意料地早。不过有意思的是，在后来分布到了各个主要水系的真骨鱼中，相关基因元件却已经丢失了，因此，真骨鱼的鳍反而没有祖先那么灵活了。但我们的祖先，作为鱼类的另一个支脉 —— 肉鳍鱼，则继承了这个特征，并最终借此获得了在陆地上灵活运动的能力。

重返海洋的鱼

国捷他们的这个研究很有意思，最终被选为《细胞》杂志当期的封面文章。同时，这个成果也让人产生了一个疑问，早期的硬骨鱼为什么会产生肺，又为什么要拥有那么灵活的鳍呢？

我对鱼类的生理结构并不是非常熟悉，好在毕旭鹏向我进行了解释。在所有的鱼类身上，鳃呼吸获得的氧气都是先流经全身，给各处组织利用殆尽之后才返回心脏，这就意味着心脏很容易供氧不足，泵血无力，于是又反过来影响了全身的供血和供氧。而肺起源于食道的一个囊部结构，位于咽到鳃的后部区域，从消化道吞咽进去的氧气，能够通过内脏循环，优先给心脏供氧，这就完全弥补了鳃呼吸的缺陷，使心脏更加有力，这条循环路径直到今天都保留在硬骨鱼体内。因此，从这个角度上来说，肺的起源是演化为心脏供氧不足打的一个补丁。

但是，毫无疑问，在早期的硬骨鱼祖先那里，这个补丁逐步得到了强化。但这背后的动力又是什么呢？我觉得我们有必要结合当时的情况来分析。早期硬骨鱼起源的时间大约在距今4.25亿年前，而有肺的早期辐鳍鱼和肉鳍鱼差不多都是起源于距今4.18亿年前的。所以，我们大致可以把时间锁定在距今4.2亿年前后，看看当时的地球环境与生物群落。

这个时期处于地质历史上的志留纪，也就是古生代的第三个纪，距今约4.4亿~4.1亿年前，它的上一个时代是奥陶纪。在那个时代，颌早已出现。

在海洋中，笔石仍然是繁盛的类群，它们主要以单笔石为主，而在奥陶纪繁盛的双笔石类则日渐衰落，这些漂流在海洋中的家伙是非常引人注目的一类生物。今天，志留纪地层中所包含的笔石化石仍然是判定地质时代的重要依据。腕足类动物的数量也相当多，与普通的双壳贝类的开壳方式不同，它们伸出肉茎固着在

海底。与笔石类已经完全灭绝不同，今天，仍有腕足动物生存在我们这个星球，比如，你在海边挖到的“海豆芽”。不过，今天的腕足动物种类已经大为减少，而志留纪则被誉为腕足类的壮年期。而今天兴盛的腹足类和壳贝类当时则在缓慢发展，远不能与腕足类相比。

在志留纪的海底，珊瑚类进一步繁盛，在这个时期也有四射珊瑚、床板珊瑚和日射珊瑚等，种类繁多，并且能够形成珊瑚礁。曾经雄踞奥陶纪的三叶虫已经明显衰落。而在奥陶纪开始出现的板足鲎则开始兴起。板足鲎是这个时代中食肉动物的代表，体形大小不一，其中巨型的个体是当时最大的节肢动物。

在脊椎动物中，无颌类鱼形动物进一步发展，有颌的盾皮鱼（Placodermi）出现，这是一个重要的演化事件，也为后来泥盆纪鱼类的大发展创造了条件。让我们先来说说盾皮鱼吧。从这个名字

◀ 古生代从奥陶纪到泥盆纪的一些著名动物。图中左上蓝色的是阿兰达甲鱼（*Arandaspis*），是生存于奥陶纪的早期无颌类鱼形动物；中部左侧橙色的是奥陶纪的星甲鱼（*Astraspis*），也是早期无颌类；顶部是生活于泥盆纪的无颌类鳍甲鱼（*Pteraspis*），它的时代更晚一些；在海洋底部爬行的是不同类型的三叶虫，右侧的大型节肢动物为板足鲎，它们是古生代中的常见动物类群
图片来源：sciencephotolibrary/ 图虫创意

志留纪的板足鲎复原图
图片来源：图虫创意

上来看，这类鱼形动物的皮就挺硬的 —— 具体来说，它们的头和前半身往往被坚硬的骨甲所保护，也被称为头甲和躯甲，两者之间通过关节相连。盾皮鱼的骨甲是皮膜骨，也就是由真皮骨化形成的。

盾皮鱼中最著名的，恐怕就是邓氏鱼（*Dunkleosteus*）了，它们的体长可以达到3.5米，大的更是估计有6米长，是当时海洋中恐怖的掠食者。但邓氏鱼生活在志留纪之后的泥盆纪，其实是盾皮鱼中比较靠后的类群了，虽然其在演化上达到了盾皮鱼的巅峰，然而它也存在致命的缺陷 —— 重装甲的它，游泳能力并不出众。当海洋中的鱼形动物开始逐渐抛弃厚重的装甲，转而变得更加灵巧、快速的时候，邓氏鱼就不得不退出历史的舞台了。事实上，在相当长的时间内，人们都认为整个盾皮鱼类最终走上了演化的死胡同，最终并无后代留存。

然而来自我国云南曲靖的潇湘生物群（Xiaoxiang Fauna）化石

邓氏鱼复原图

图片来源：邓氏鱼来自图库（warpaintcobra/deposit/图虫创意）素材，刘野提供背景

却打破了这个观念。2009年，朱敏等在《自然》杂志上报道了这里的早期硬骨鱼梦幻鬼鱼（*Guiyu oneiros*），在其背上，还存留有类似盾皮鱼的大型骨片。2013年，朱敏等在《自然》杂志上又报道了一种很奇怪的盾皮鱼——初始全颌鱼（*Entelognathus primordialis*）。初始全颌鱼虽然具有盾皮鱼的颅骨，但是它的颌骨和硬骨鱼非常相似。这些化石距今大约4.2亿年或者再稍早一点，时间正好在辐鳍鱼和肉鳍鱼出现的前夜。这两种鱼不仅弥补了颌演化的缺失一环，也把盾皮鱼和硬骨鱼在演化上联系了起来。

重新分析的系统发育显示，盾皮鱼在演化过程中产生了两个分

初始全颌鱼复原场景

图片来源：刘野　绘

支。一支变成了棘鱼类（Acanthodii），并在此基础上演化出了软骨鱼类（Chondrichthyes），后者包括今天的鲨类。有意思的是，除了牙齿，软骨鱼类在演化过程中失去了骨骼沉积钙质的能力，当然，这也获得了相应的好处，动物的身体变得更加柔韧、灵活，体重也因此得以减轻。而另一支，则是硬骨鱼，它们在演化过程中还出现了一种新的成骨形式，也就是先形成软骨，再由软骨硬化，人类今天身体里的多数骨头也是这样形成的。

此外，科学家还先后报道了潇湘生物群中多种有意思的鱼形动物，比如在盾皮鱼中还有长吻麒麟鱼（*Qilinyu rostrata*）、阔背志留鱼（*Silurolepis platydorsalis*）、中华王氏鱼（*Wangolepis sinensis*）等，在早期硬骨鱼中还有钝齿宏颌鱼（*Megamastax amblyodus*）、丁氏甲鳞鱼（*Sparalepis tingi*）等。它们中很多都填补了一些关键的化石记录空白，这也使得潇湘生物群在早期有颌类研究中名声大噪。

除了演化上的意义，特别值得一提的还有钝齿宏颌鱼，其中一件下颌骨标本进行形状复原后，长达17.3厘米，若按与其较为相似的梦幻鬼鱼比例进行复原，其体长可达1.21米。尽管这个体形放在今天也许不算什么，但是在志留纪，脊椎动物相当式微的时代，就不一样了。这个时代的鱼形动物普遍为几厘米，此前的梦幻魔鬼鱼体长35厘米，已经是当时最大型的脊椎动物了。钝齿宏颌鱼的出现打破了之前人们认为志留纪不存在大型脊椎动物的观点。而当年赤道地区的浅海河口适宜的生存环境也许是造就了此地动物如此多样性的重要原因。这个时代也正值安第－撒哈拉冰期（Andean-Saharan glaciation）的尾声，这是一次从距今大约4.5亿年前持续到4.2亿年前的寒冷时代，赤道地区的暖水可能也是冰期时动物的庇护所。

当时主要的大陆是古冈瓦纳大陆。非常合理地，我们可以想象，必然有一批鱼形动物沿河而上，进入陆地淡水系统，并在那里发生演化。真骨鱼的祖先很可能就是在这个过程中演化出来的。当时古冈瓦纳大陆的体量比很大，纬度也比较高，气候也不太友好（在后面的章节我们会继续探讨这个问题）；再结合今天多鳍鱼和肺鱼这些有肺鱼类生活在经常会断流的地方，我们大致可以推断，至少在古岗瓦纳大陆或者其他大陆的某些地方，大概也会发生季节性的旱情，甚至有可能断流。而原始的肺部，很可能就是为了适应这些变化而得到了加强，这些不得不离开水的鱼会从头顶的喷水孔获取

潇湘生物群复原图。前景为丁氏甲鳞鱼（*Sparalepis tingi*），中间是一对全颌鱼，后景是两条宏颌鱼，此外图中那些细小的鱼形动物是无颌类牙形石类(Conodonts)
图片来源：Brian Choo 复原 /CC BY 4.0

空气，吸入肺部，它们甚至已经能够据此分辨空气中的气味——国捷他们在多鳍鱼身上检出了空气嗅觉受体的基因表达。强壮而灵活的胸鳍能够使它们在泥泞的浅水和河床中爬行，以此来度过旱季艰难的岁月。

后来，在淡水系中的一支古代辐鳍鱼演化成了真骨鱼，它们生活在水量充沛的地方，不再需要肺的呼吸功能，肺转变成了能够调节沉浮的器官，也就是鱼鳔。鳔的存在也使得钙质沉积的硬骨不再是游泳的负担。新生的真骨鱼在淡水系中演化，并且尝试着从河流回到海洋。今天，它们已经成为海洋鱼类的主体，完成了逆袭之旅。而在淡水系中的古代的肉鳍鱼，它们试着登上陆地，最终，其中一支获得了成功，成为我们这些四足动物的祖先。

从陆地回到海洋

不止淡水鱼类会重返海洋，事实上，当一个生物类群在某一个环境中蓬勃发展，它们几乎毫无意外地会从现有生境的边界向其他生境中渗透，已经登上了陆地的四足动物也是如此，它们在演化的过程中多次重返海洋。

在中生代的最初时代，刚刚彻底适应了陆地生活的爬行动物中，已经有若干个类群成功重返海洋了。鱼龙（Ichthyosaurus）就是其中的代表，它们很可能是在距今大约2.5亿年前后，也就是三叠纪最开始的很短时间内，发生了快速的辐射式演化，目前也发现了不少很有代表性的化石。有意思的是，一些很有特点的早期鱼龙类动物有很大比重是来自我国的化石记录。

比如发现于湖北三叠纪早期地层的湖北鳄（*Hupehsuchus*）和南漳龙（*Nanchangosaurus*），它们尚不属于真正的鱼龙，但属于早期鱼龙类动物。湖北鳄具有强壮的前肢，它们应该还能够爬上岸做短暂的停留。此外，还有几个类似的物种，它们共同组成了湖北鳄类（Hupehsuchia），是鱼龙的姐妹群。

而在安徽巢湖发现的几乎同时代的柔腕短吻鱼龙（*Cartorhynchus lenticarpus*）和小头刚体龙（*Sclerocormus parviceps*）则已经属于鱼

湖北鳄很可能是一种滤食性的早期爬行动物

图片来源：刘野　绘

龙类了，它们共同组成了刚体龙类（Nasorostra），是其他鱼龙的姐妹群。刚体龙类拥有宽大的鳍脚，看起来很像今天海龟的鳍脚，这让人感觉它们有一定的概率还会登上陆地，哪怕不会像海豹一样上岸晒太阳，但至少还是应该会上岸产卵的。刚体龙类的牙齿呈球状，排列在一起，比较适合压碎食物，估计它们的食物主要是贝类，活动的区域可能也比较接近浅海。有人曾经戏言，鱼龙类的祖先最开始在岸边捡贝壳吃，后来跑到海里捡，就成了海洋动物……这事恐怕不能这样下断言，而且九成不靠谱，但确实是挺有意思的说法。

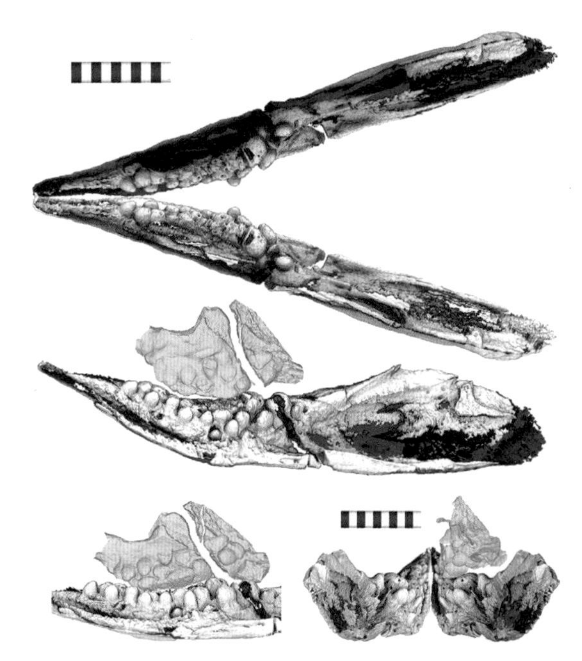

短吻鱼龙颌骨化石的三维重建，并展示不同角度

图片来源：Huang et al., 2020/Scitific Reports/CC BY 4.0

鱼龙的四肢就这样发生了变化，形成了类似鱼

鳍的结构，有力的尾部也可以提供动力。它们也许还能像今天的海豹一样，笨拙地爬上陆地，但它们终究会告别陆地。之后的时期，有体长不到1米的巢湖龙（*Chaohusaurus*），也有体长达到3米的歌津鱼龙（*Utatsusaurus hataii*）。鱼龙，终于完完全全变成了鱼形，哪怕它们仍然用肺呼吸。海洋生活也最终促使再也无法上岸的鱼龙在演化后期的生活中选择了新的生殖方式 —— 胎生。请千万不要以为胎生是我们哺乳动物才有的特征，虽然一些科普读物里确实敢这么说。事实上，相当多的动物类群都各自独立演化出了胎生或类似的繁殖方式，而且不仅仅是卵胎生，类似脐带的结构也出现过，比如在双髻鲨等一些鲨类中。

在三叠纪中期，鱼龙迎来了爆发性增长。在这个阶段，它们不仅种类繁多，而且向着大型化发展，以杯椎鱼龙（*Cymbospondylus*）为例，它们生活在距今2.4亿～2.1亿年前，体长可以达到10米，达到了今天虎鲸的水平。

到了三叠纪晚期，更大型的鱼龙出现了，1869年美国发现的肖尼鱼龙体长达15米，而后来在加拿大先后发现了体长可能超过20米的鱼龙化石标本。在我国西藏发现的同时期的西藏喜马拉雅鱼

盘县混鱼龙化石标本
图片来源：本书作者　摄

龙（*Himalayasaurus tibetensis*）体形也能够达到15米以上。这些鱼龙的体形水平已经直逼今天最大型的鲸类。鱼龙，在当时的海洋，确实是当之无

侏罗纪时期场景复原图，一只箭石喷射墨水，迅速从鱼龙的口中溜走。图中还有鱼、菊石和海百合
图片来源：sciencephotolibrary/图虫创意

愧的霸主。

三叠纪中期，长颈龙开始崭露头角，这是一些长着长长的脖子、又有几分像海龟的爬行动物，当然，没有龟壳。一直以来，人们困惑于这些海洋动物为什么会具有如此长的脖子 —— 甚至可以超过身体长度的2倍！新近的观点认为，它们很可能是像吸尘器一样吸吞猎物的捕食者，嘴里的尖牙可以帮助它们抓住猎物，同时排出多余的海水。东方恐头龙（*Dinocephalosaurus orientalis*）是我国长颈龙的代表。

在中生代，海洋中还出现了幻龙类、楯齿龙类、海龙类、龟鳖类等诸多海洋爬行动物。可以说，由于海洋爬行动物的加入，大海变得更加热闹了。

鱼龙类仍然活动在早期到中期的白垩纪，但是在白垩纪晚期的“森诺曼期－休伦期”灭绝事件（Cenomanian-Turonian boundary event）中彻底退出了地球历史舞台，与它一同灭绝的还有海洋中的上龙（Pliosauridae）。而蛇颈龙类，则依然贯穿了整个白垩纪时代。在白垩纪晚期，沧龙类（Mosasaurs）出现并迅速成为海洋的霸主。

今天，依然有相当多的爬行动物活动在海洋中，它们都是勇敢

霍夫曼沧龙（*Mosasaurus hoffmanni*）是凶猛的大型沧龙类
图片来源：刘野　绘

探路者的后代。而在爬行动物统治的中生代之后，哺乳动物同样也有多个类群重返海洋，如肉食性的海豹等鳍脚类、素食性的海牛类等，当然，最具代表性的应该是鲸类。当代所有的鲸类都是肉食性的，只不过区别是吃小鱼虾还是吃大猎物，前者被称为须鲸类，后者被称为齿鲸类。齿鲸类中还包括海豚。

壮硕帝龟（*Archelon ischyros*）生活在距今 8000 万 ~ 6600 万年前的白垩纪晚期

图片来源：sciencephotolibrary/ 图虫创意

鳍脚类中的有耳海豹，它们也被称为海狮类

图片来源：本书作者 摄

佛罗里达海牛

图片来源：pacificstock/ 图虫创意

抹香鲸，属于现代齿鲸类

图片来源：willyam/Adobe Stock/ 图虫创意

鲸类的祖先也是生活在陆地上的动物，并且很可能和有蹄类关系很近。它们大约从五六千万年前开始演化，在巴基斯坦发现的距今约5000万年的巴基鲸（*Pakicetus*）是其中的代表。差不多狼那么大的巴基鲸还有一对并不十分适合水生的耳朵，因此，它们极可能多数时间是生活在陆地上的，在需要觅食或者躲避敌害的时候才会进入水中去。它们很可能生活在河流或者河口，船桨一样的四肢能够让它们在这些环境中从容游弋，但是它们的身体结构还不适合进入大洋深处。很可能是以巴基鲸或者其同类为基础，后来演化出了陆行鲸，后者在陆地上的运动能力进一步减弱，而游泳能力却更上一层楼。

后来出现的罗德侯鲸距今约4700万年前，同样发现于巴基斯坦，这意味着两者之间可能存在演化的先后关系。它的发现也暗示着南亚很可能是鲸类演化的起源地。就在2019年的上半年，在秘鲁的南部海岸又出土了距今4260万年前的四足鲸类化石，暗示着一条从南亚到美洲的鲸类扩散路线。相比巴基鲸，罗德侯鲸具有更多的水生动物的特点 —— 更短小的四肢，更宽大的脚蹼，它的耳朵同样变得适应水生的生活方式。在游泳的时候，后肢可能会提供主要的动力，尾巴用来控制方向。

而到了距今4000万年的矛齿鲸等鲸类的时候，它们的游泳方式已经和早期的四足鲸类不同，它们的前肢和尾部具有了更重要的作用，而一度被作为游泳主力的后肢则开始退出历史舞台。但是，仍然有一定的可能，这些早期的鲸类虽然在水中生活，却仍像祖先一样，需要到陆地上来交配和繁殖。但在这之后，它们也如鱼龙一般，彻底抛弃了陆地，回归海洋。

至于更晚的原鲨齿鲸（*Prosqualodon*）或它的近亲可能是所有齿鲸的祖先，它们看起来很像今天的海豚，有突出的吻部，可以用来捕捉猎物。但是，它们的牙齿依然原始，与今天的齿鲸类全部是钉状或圆锥状的牙齿相比，原鲨齿鲸颌骨后方着生的牙齿仍有三角形的，这是古齿鲸的特点。不过，原鲨齿鲸的头骨已经变得轻盈，基本看不到“脖子”这一结构，头部与躯干一体化，从而不再需要多余的支撑和保护。这也意味着它的主要食物集中在了鱼类上，不再需要灵活的脖子和复杂的颌部。就像今天的鲸类一样，它们的鼻孔已经位于头顶，这使它们不用在海面探头出来就可以呼吸空气。原鲨齿鲸的嗅觉器官已经退化，取而代之的是听觉，它们应该已经能够利用回声定位来锁定猎物。

大约从3500万年前开始，须鲸类已经开始演化，这可能源于更早时候气候发生的改变 —— 海洋中浮游生物数量增多，从而使得以浮游生物为食的小型甲壳类动物大量出现。早期的须鲸类体形并不太大，它们的生活也格外艰难。因为在当时，海洋中还存在着相当数量的巨型鲨类，它们是鲸类的天敌，能够对很多鲸类造成致命威胁，哪怕是齿鲸也是如此。虽然鲸类比鲨类更加聪明，但是，那并不能直接增加它们的自卫能力。至于以捕食小型食物为主的须鲸类，防御性更差，那就更容易成为鲨类的食物了。今天的须鲸类多数都体形巨大，实际上也是利用体形优势来作为有效的防御手段，而且对它们来说幸运的是，那些巨型鲨类并没有一直繁衍到今天。

早期脊椎动物登陆复原图

图片来源：章浩[illegible] 绘，邢立达 供图

第三章 · 暴龙化石的断层

一个大脚印

2019年下半年，我的朋友 —— 中国地质大学（北京）邢立达副教授那里传来了个好消息，他找到了一个大型恐龙足迹的化石。这是一篇不太长的论文，发表在了正在快速崛起的学术期刊《科学通报》（*Science Bulletin*）上，这是我国自己的SCI源期刊，这两年的影响力上升很快。

这是在江西赣州的一片工地上被发现的一块足迹化石。施工队曾联系了英良世界石材自然历史博物馆的执行馆长钮科程老师。根据照片，钮老师判断这很可能是一只恐龙或者一只巨大的三趾动物留下的足迹。不过，钮老师并没有等来这块化石，施工队也从此音讯全无。这是一个让人相当遗憾的结果。

然而幸运的是，两个月后，在赣州的民间收藏界又传出了大脚印的消息。这一次，机会没有溜走。经过比对照片，可以确定它正是工地上发现的那块足迹化石。最终，几经曲折，这块化石终于被英良世界石材自然历史博物馆收藏，标本编号 YLSNHM01130。立达主导了这次研究。

经过测量，这个足迹长58厘米，三根脚趾都非常明显。从外形上看，这应该是一只大型肉食恐龙的足迹化石。由于大型肉食兽脚类恐龙的脚上第一、第五趾退化，起到运动支撑作用的只剩下第二、三、四趾，所以通常它们的足迹都有三根趾痕组成。这明显区别于多数鸟类，除少数鸟类外，后者通常会留下四趾的足迹，三趾向前、一趾向后。然而，足迹的主人具体是哪一种食肉恐龙呢?

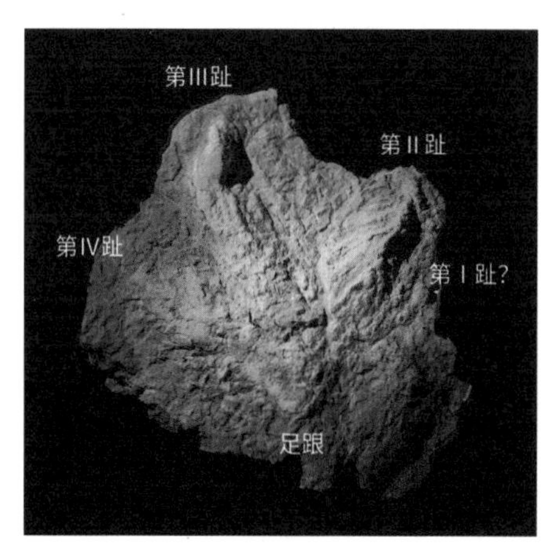

在赣州发现的暴龙足迹化石

图片来源：邢立达　供图，本书作者标注

从形态学上来看，YLSNHM01130与中国所有已知的大型兽脚类恐龙的足迹都不相同，反而与那些在美洲发现的暴龙类足迹相似：同样巨大、粗壮，同样长大于宽，同样三趾并且具有明显的足跟压痕，同样可以看到远端跖骨垫，同样具有尖锐的抓痕，同样三趾分得很开，同样具有细长的第四趾的趾痕，此外，同样没有界限明确的趾垫压痕。除此以外，还有一个鲜明的特征，就是这个足迹像所有的暴龙类足迹一样，在第二趾的后部外侧，有一个小小的缺口，或者说旁边似乎有个小小的突起，那里很可能是退化的第一趾留下的压痕。如此多的相似点都指向一个结论，这是暴龙类恐龙的足迹化石。所以，这块化石最终被确认为一个暴龙足迹属（*Tyrannosauripus*）的未定种。未定种的意思就是，目前的信息仍然有限，还没有满足给它定种的条件。毕竟只有一个足迹，不能和同种足迹对比以确定其鉴定特征，也不能以此来估计恐龙的步幅、速度等运动特征。也许将来信息再充足一些，或者再发现其他的同种足迹后，会给它确定更准确的分类地位。

接下来，就是确定具体的造迹动物，到底是暴龙类中的哪个物种？

君王暴龙复原图

图片来源：orlaimagen/deposit/ 图虫创意

我想，在整个暴龙家族中，最负盛名的，莫过于被称为霸王龙的君王暴龙（*Tyrannosaurus rex*）了。这个家伙是各种古生物纪录片和电影中的重要角色，它们体形巨大，能猎杀三角龙或者其他食草恐龙，是白垩纪末期的霸主。除了君王暴龙以外，暴龙家族还有很多其他恐龙，它们在白垩纪末期很兴盛，其中很多都是狠角色。而且，尽管暴龙类化石主要集中在北美，在东亚也确实有这个家族的恐龙化石出土。

如果你将白垩纪末期暴龙类在北美的化石记录对应到地图上，

就会发现，它们大多分布在北美中间一条狭长的地带上。事实上，这个地带，在7000万年前是一块被海洋包围的大陆，叫拉玛米迪亚大陆（Laramidia）。当时，它与北美的另一块陆地阿巴拉契亚大陆（Appalachia）被宽阔的水道隔绝。当时拉玛米迪亚大陆反而和亚洲大陆的东亚部分靠得比较近，甚至彼此之间有可能存在某种陆桥。

拉玛米迪亚大陆确实是主流观点认可的酝酿晚期暴龙类的摇篮。晚期暴龙类很可能从拉玛米迪亚大陆传播到了东亚地区，也就是我国和蒙古国一带。在东亚威名赫赫的特暴龙（*Tarbosaurus*）就活动在这一带。

而在赣州地区，也真的出土过一种暴龙类恐龙——虔州龙（*Qianzhousaurus*）。虔州是赣州的旧称。由于虔州龙的吻部特别长，看起来挺像有个长鼻子，所以有了个“匹诺曹暴龙”的绰号。它体长为八九米的样子，体重接近一吨，也是个大家伙。而根据YLSNHM01130的大小来估计出的造迹恐龙，差不多也是这么大。最妙的是，这个足迹与虔州龙化石的发掘地距离很近，只有大约33千米！所以，就目前掌握的信息来看，这个大脚印的主人有很大的概率是某条虔州龙。

诡异的断层

事实上，暴龙是一个历史相当悠久的家族，它们的历史一直可以追溯到1.68亿年前的侏罗纪中期。比如差不多在这个时期的原角鼻龙（*Proceratosaurus*），这是一种生活在欧洲，体长大概两三米，体重100千克左右的中型肉食性恐龙，是暴龙家族的始祖之一。它发现于英国，最初曾被错误地认为是角鼻龙的祖先。亚洲则有哈卡斯龙（*Kileskus*）和稍晚一些的五彩冠龙（*Guanlong wucaii*）。在美洲，目前已经知道三组暴龙类的成员，分别是长臂猎龙（*Tanycolagreus*）、空骨龙（*Coelurus*）和史托龙（*Stokesosaurus*）。这三组暴龙差不多生活在同一个时代，也就是1.57亿~ 1.45亿年前，并且很可能持续生存在整个时间段里，这个时间段属于侏罗纪晚期。它们以中小型恐龙为主，长臂猎龙和史托龙差不多，大概三四米长，考虑到它们细长的尾巴占用了很多长度，这些恐龙比人大点，但也有限，大概2米长的空骨龙体重甚至比成年人还要轻不少。

对此侏罗纪晚期的这些较小型成员和几千万年后白垩纪晚期北美那些种类繁多的大型暴龙类成员，我们几乎可以期待一个理想的进化过程：北美洲的暴龙类家族成员从这时开始持续地蓬勃发展，体形逐渐变大，逐渐成为食物链的最顶层，然后，跨过陆桥向东亚扩散，同样成了那里的顶级掠食者。

看看那些最后的辉煌成果吧！美洲的君王暴龙体长可以超过12米，臀高可以超过3.6米，估计体重8 ~ 14吨，是地球上曾经出现过的最大型的陆生食肉动物。它们展现出淋漓尽致的暴力美学。而在亚洲，特暴龙虽略显逊色，体长也在10米以上，体重也有四五吨，同样居于食物链的顶端。此外，同处于白垩纪后期的还有北美的伤龙（*Dryptosaurus*）、艾伯塔龙（*Albertosaurus*）、惧龙（*Daspletosaurus*）等，亚洲的虔州龙、诸城暴龙（*Zhuchengtyrannus*）等，也都是体形很大的捕食者。

特暴龙狩猎鸭嘴龙类的复原图
图片来源：Elenarts/deposit/ 图虫创意

艾伯塔龙引起了鸭嘴龙类兰氏龙（*Lambeosaurus*）群体的惊慌
图片来源：CoreyFord/deposit/ 图虫创意

似乎，我们应该能够在侏罗纪之后、白垩纪晚期之前的时代，也就是在大约1.45亿～0.81亿年前的广大时间尺度里，从北美找到数量众多的过渡类型化石，比如中小型甚至大型暴龙类恐龙才对。然而事实是，在这接近7000万年里，在北美，出现了一个诡异的化石断层（70-million-year gap）。在这个时间段里，没有暴龙类的化石被发现。直到2019年上半年，情况才稍有改观，在北美那块密集分布着暴龙化石的地域，札诺（Lindsay E. Zanno）等人找到了几块暴龙类恐龙的碎骨，三个碎块属于头部，还有几块属于后腿，距今大约0.97亿年。他们将其命名为摩罗斯龙（*Moros*），语出希腊命运之神摩罗斯，指其对建立北美暴龙类演化关系的重要意义。是的，它的出现，将一个大断层变成了两个小一点的大断层。

而且，摩罗斯龙并非大型暴龙，估计体重范围只有53～85千克，最可能是78千克，比起其1.5亿年前的某些祖先还大有不如。但它确实是那之后美洲发现的第一种暴龙类恐龙。

遇到这种情况，我们就得思考，到底是哪里出了问题？

我们第一个怀疑的，也许是化石的保存出了问题？有没有可能当年的暴龙类其实很丰富，但却没有形成化石，或者，我们还没有挖到？或者有没有可能那个时期北美的化石保存量本身就很少？

很遗憾，这些说法可能不成立，因为白垩纪早期的北美，依然化石丰富，发掘量不小，也很充分。如果当年的暴龙类确实很兴盛，它们的化石没有理由这么难发现。

一个很大的可能是，当时北美的暴龙类确实出了大问题，甚至有可能遭受了重创。事实上，欧洲和亚洲的早期暴龙类后续也出现了或多或少的断层。

欧洲大陆在侏罗纪之后还有暴龙类的化石发现，但仅限于白垩纪早期的前半部分，自此以后，一直到恐龙时代结束，都再未发现过暴龙类的化石。这暗示着暴龙类在欧洲大陆的演化逐渐终止、灭绝。

而在亚洲，差不多也有一个长达4000万年的断层，而且之前的类型和之后的类型在系统发育的亲缘关系上相差很远。这一断层，直到2010年发现了一个雄关龙（*Xiongguanlong*）样本才稍有填补，这种恐龙距今约1.25亿~1亿年，体重大约280千克，是中型偏小的暴龙类恐龙。

这些都暗示着暴龙家族的早期发展并不顺畅。不过，我并不能给出确凿的回答。因为目前的分析只是基于已知的化石记录，它完全可能会因为新化石记录的出现而被驳倒，甚至只需要一次关键性的发现。

科学就是在这样的基础上前进的，依据已有的发现，做出最可能合理的解释。我们从不反感反驳，也敞开胸怀接纳新的学说，只要它具有足以支持其理论的证据，观点随时可以修正。科学研究得到的未必是真理，但它一定在朝着真理寻找方向、修正自己。不过，基于目前的认知，我们可以猜测，暴龙的演化可能真的遇到了麻烦。

对北美的暴龙来说，1.45亿年前那个关键的、划时代的时间点，正是侏罗纪与白垩纪的分割点。那个时期，可能并不太平。

事实上，每两个大的地质时代之间，都不太平，也正是因为如此，经历了剧烈的变革，它们才能被准确地划分为两个时代。在侏罗纪的最后时期发生了一系列的灭绝事件，其影响有可能一直持续到了白垩纪早期。这一系列事件对陆地上的恐龙类群造成了一些影响，包括剑龙、蜥脚类恐龙等非常知名的恐龙在内的一些类群灭绝了。此外，在海洋，一些菊石、双壳贝类和海洋爬行类灭绝了。根据苏汉杜·巴德罕（Subhendu Bardhan）等的研究，菊石的损失非常惨重，侏罗纪晚期主要的菊石类群有80％灭绝，其对菊石的影响在全球海域都有出现，并且与纬度无关（另有一些研究认为与纬度有关），但浅水物种似乎受到了更大的影响，并且存在少数灭绝得格外给力的“热点（hot spots）”。但哈勒姆（A. Hallam）对双壳贝类的研究则倾向于认为，这是一系列的区域性事件，有些区域如智利和阿根廷等地的双壳贝类受到的影响不大，而另一些地区，如欧洲，则有很大的影响。

关于这次灭绝事件的原因，有一些不同的说法。一个非常让人在意的观点是，随着有花植物的崛起，它们开始迅速取代在侏罗纪时期占据主体的针叶树和苏铁植物，并引起了整个陆地生态系统的快速变革，不仅影响到了各条食物链，同时也对全球环境和气候造成了一定程度的影响。

暴龙群体很可能也受到了影响，毕竟尽管当时的暴龙还不是太大，但仍是位于食物链后端的肉食动物，一旦植物和食草动物受到影响，对它们造成冲击几乎是必然的。

现在，我们仍无法确定侏罗纪之后北美暴龙类的状况，是濒临灭绝，还是一度灭绝。反正，它们没有走上巅峰，至少在白垩纪的早期和中期，大型食肉恐龙的位置不属于暴龙类。

它们的好运也许是随着白垩纪中期发生的另一次灭绝事件出现的，这一次灭绝事件也许为它们的崛起扫清了障碍。

总之，在经历了数千万年的沉寂以后，那些诸如摩罗斯龙等默默演化着的小型暴龙再次重整旗鼓，最终登上了食物链的顶点。

当然，这种愉快的日子持续的时间并不是很长。接下来，在数百万年后，一颗小行星撞击了地球，更大规模的灭绝事件发生了，恐龙时代也随之终结。

历史总是重复

接下来，让我们来看看自己，哺乳动物崛起的历程。

事实上，哺乳动物的祖先比恐龙还要古老。让我们把目光投到恐龙时代之前，去更遥远的古生代。

故事从大约3.12亿年前，也就是古生代的石炭纪晚期开始。那时，羊膜动物（Amniote）出现了。这是一种新的生殖方式，动物产下外部具有保护结构的卵，也就是带壳的蛋，使它能够在较干燥的环境中孵化，而不用担心蛋会因为离开水环境而脱水死亡。而胚胎则在羊膜包裹的羊水中发育。从这个时候开始，脊椎动物才算是真正成功登上了陆地。

刚孵化的小鸭。鸟蛋就是典型的羊膜卵

图片来源：Anneke/ Adobe Stock/ 图虫创意

白垩纪的恐龙蛋化石，此时已经是很完备的羊膜卵了

图片来源：本书作者　摄

很幸运，从石炭纪到二叠纪的地质变更没有把这团刚刚燃起的小火苗掐灭，到了2.9亿年前，也就是二叠纪的早期，基础羊膜动物已经出现了新的分支。此时，根据头骨上眼窝后方被称为颞孔的结构，羊膜动物已经可以分成三类了。没有颞孔的是基础羊膜动物，每侧有两个颞孔的被称为双孔类（Diapsid）或者蜥形类（Sauropsida），而一侧只有一个位于下方的颞孔的则称为下孔类（Synapsid）。

可不要小瞧了这个头骨上的孔洞，它是非常进步的结构。

一方面，颞孔的出现减轻了头骨的重量；另一方面，也是最重要的，它用于连接强有力的下颌肌肉，从而实现咀嚼功能。

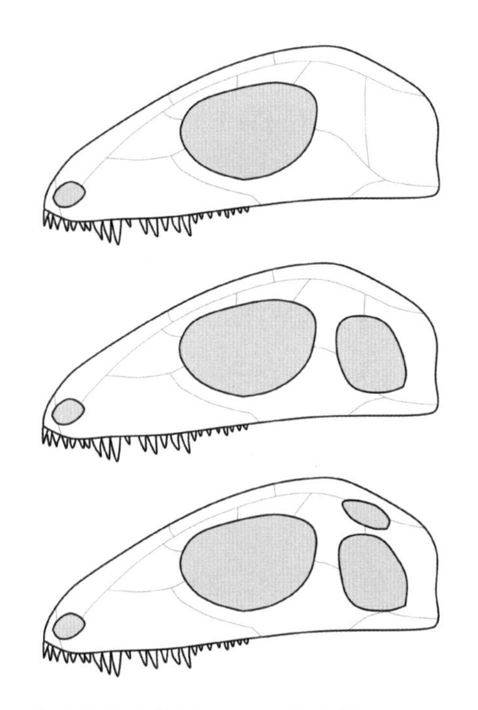

基础羊膜类（上）、下孔类（中）和双孔类（下）的头骨示意图

图片来源：本书作者根据资料综合绘制

鸟类、蜥蜴、龟鳖，包括恐龙，它们的演化都是从双孔类祖先开始的。其中，鱼龙、蛇颈龙等古海洋爬行动物下面的颞孔后来闭合，只留下上面那个，也被称为调孔类。龟鳖没有颞孔并不是因为它们是基础羊膜动物，而是后来两个颞孔又全部重新失去了，真正的基础羊膜动物已经全部灭绝了。而鸟类则重构了头骨。但由于以上所有这些动物都是两颞孔演化而来，所以它们不管现在有几个颞孔，仍属于双孔类动物。

至于我们，则属于另一类 —— 下孔类，包括后来的整个兽类。今天，我们的头骨两侧仍然各有一个颞孔。你可以伸手摸摸你头上的太阳穴。对，就是那里。

尽管在后来相当长的历史时期内，都是恐龙、翼龙、海洋爬行类等双孔类统治着地球的生态系统，但首先崛起的，不是双孔类，而是我们的祖先下孔类。这是一个听起来有点坑，又很励志的故事。

早期的下孔类也被称为似哺乳动物，但我并不觉得这是一个合理的称呼，因为我们哺乳动物就是它们的后裔。整个下孔类的传承也并未中途断绝。这是早期古生物学研究中的遗留问题，可能当时的科学家并未想到两者属于同一个演化系统，而是以为这是和哺乳动物具有一点相似性的另一个类群。

下孔类第一个兴起的类群可以追溯到石炭纪的晚期，并于二叠纪兴盛起来，它们被称为盘龙类（Pelycosaurs）。有些盘龙类在外观上是非常有特点的，具有一个宽大的、显眼的背帆。盘龙类可能是冷血动物，这个巨大的背帆也许是用来调节体温的，它就像巨大的太阳能电池板一样，可以吸收阳光，以维持自身的热量，这有助于提高它们的运动能力。当然，也有相当多的盘龙类是没有背帆的。

除了这个巨大的背帆，它们的体态可能更像蜥蜴或者鳄鱼，四肢相对较短，肚皮离地很近，只能匍匐行走。

盘龙类的顶峰在二叠纪早期，大大小小的盘龙占到了陆地脊椎动物的70%左右，虽然稍后有所衰落，但一直持续到了二叠纪结束。在这个时期，吃植物的盘龙类已经开发出了“素食坦克”战略，如杯鼻龙（*Cotylorhynchus*）的体形已经达到6米，体重估计可以达到2吨，它没有背帆，很可能是这个时代最大型的陆生动物。食肉动物的体形也在巨大化，如异齿龙类（*Dimetrodon*）。后者的名字源自“两种不同长度的齿”，也就是异齿龙同时具备了较长的牙与较短的牙，长牙应该具有不错的进攻性。此时，位于食物链顶点的，正是大型异齿龙。其中最大型的安吉洛异齿龙（*Dimetrodon angelensis*）甚至可以达到4.6米长，确实是个大家伙。它的猎物，很可能是体形相对稍小、同样具有巨大背帆的基龙类（*Edaphosaurus*）。另一方面，数量更多的小型盘龙类也充斥在陆地的各个角落，如始猎龙（*Archaeovenator*）、哈普托龙（*Haptodus*）、鼻蜥龙（*Mycterosaurus*）、伊安忒龙（*Ianthasaurus*）等诸多类群。

杯鼻龙复原图

图片来源：KostPhoto/deposit/ 图虫创意

到了二叠纪中期，下孔类开始进入一个新的发展阶段，一类被称为兽孔类（Therapsida）的动物崛起并开始迅速取代盘龙类的优势地位。兽孔类起源自盘龙类中的楔齿龙类（Sphenacodontia），并且最终演化出了哺乳动物。相比盘龙类，兽孔类的身体更加紧凑，同时尾部缩短，腿部增长。这使得兽孔类的运动能力更强，同时由于身体表面积的减少，更容易保持热量。

二叠纪的异齿龙类复原图
图片来源：CoreyFord/deposit/ 图虫创意

在兽孔类中出现了三个非常重要的类群，它们是恐头兽类（Dinocephalia）、二齿兽类（Dicynodontia）和犬牙兽类（Cynodontia）。

恐头兽类出现的时间较早，它们的体形硕大，头部也很巨大，既有植食类也有肉食类。总体来讲，恐头兽是一群迅速多样化又迅速衰落的类群，兴旺的时代大概只有1000万年。虽然这个时间对于人类的历史来讲已经很长了，但放在地球的整个地质历史上，只能算小数点后面的数字。恐头兽类有两个主要的分支，一支是貘头兽类（Tapinocephalia），早期植食类和肉食类都有，但到了后期就只剩下植食性的了；另一支是安蒂欧兽类（Anteosauria），完全肉食性，并且可能捕食貘头兽类。安蒂欧兽类可能一度是当时最强大的捕食者，其中大型的头骨可以达到80厘米长，相当于一张小桌的长度。

二齿兽类是从小型到大型的植食动物，它们因两颗外露的长牙而得名。二齿兽类的分布相当广泛，并且种类极度多样，应该是早期兽孔类中最成功的植食动物类群。二齿兽类部分具备温血动物的生理结构，也许具有不完备的体温调节能力。

二叠纪的二齿兽（*Eosimops newtoni*）的复原图。假如这个复原图在它身上添上丰富的毛发，也许会更好看一点

图片来源：KnebAE/Wikimedia Commons/CC BY-SA 4.0

最后一类，是犬牙兽类，兽孔类中最多样化的一类，是背负着最终向哺乳动物演化命运的类群。犬牙兽的名字来源于“像狗一样的牙齿”，这也说明了它们的演化已经更加接近哺乳动物。事实上，它们的头部也已经长得相当像哺乳动物。

可以说，到了二叠纪的后期，下孔类依然在陆地脊椎动物中占据着主导地位，它们迅速填充了当时的各个生态位。这种繁荣，已经延续了7000万年，似乎哺乳动物就将在其后迅速崛起。然而，事实是，它们必须忍耐接近两亿年，挨过双孔类统治的中生代。

二叠纪末期的大灭绝事件到来了。

这一次，地球上迎来了几乎是空前绝后的惨烈灭绝事件，这一事件造成了地球物种95%的灭绝，其中包括70%的陆地脊椎动物和96%的海洋生物。曾经在地球历史上极度繁荣的三叶虫、板足鲎彻底灭绝，其他类群也遭受重创。如果说这中间没有发生过什么重大事件，谁也不会相信。

关于这一事件的推测众说纷纭，通常认为整个灭绝过程实际上是分两幕进行的，从二叠纪末期一直延续到了三叠纪的早期。第一幕，对环境变化抵御力差、栖息地较窄的生物出局；第二幕，随着环境的恶化，更多的生物灭绝。两幕之间的时间间隔可能只有几万年。

关于其灭绝事件发生的原因，同样没有定论，不过存在着一些线索。

如在二叠纪末期，似乎存在着海平面的剧烈变化，大规模的海退事件可能导致了浅海的急剧减少，从而导致海洋生物发生了第一幕灭绝事件。

另外，西伯利亚地层发现的大片火山岩可能与这次灭绝事件处于同一时间，在我国华南地区也发现了火山活动的证据——也许存在一个长达15万年的大规模火山爆发期。火山爆发很可能带来了灰霾、森林大火，还有诸如二氧化硫、二氧化碳等气体。这些气体溶入雨水中造成酸雨，也引起了海洋的酸化。同时，大量证据显示，大气中的氧气含量显著下降，气候也变得反复无常。另一些研究则认为，很可能产甲烷的细菌也趁机大量繁殖，加速了氧气的消耗和二氧化碳的产生。

环境的恶化毫无疑问地在摧毁着已经稳定存在了数千万年的生态系统，氧气含量的下降迫使生物体开始采取小型化策略，度过危机，而珊瑚、苔藓虫、介形动物和甲壳类由于对缺氧耐受力很低，生存非常困难，导致四射珊瑚灭绝。而海水水温的升高则威胁到了甲壳类、棘皮动物、有孔虫和头足动物，如有孔虫中的纺锤虫灭绝。钙的减少及被海水中高浓度二氧化碳阻碍碳酸钙外壳形成，腕足类受到了毁灭性打击。相比腕足类，有鳃结构的双壳贝类种更能适应低氧环境，它们受创程度较轻，为它们日后取代腕足类奠定了基础。

但很可能环境的恶化并不均匀，海洋中仍然可能会存在一些受到影响较小的地方，或者说是“避难所”。通过它们，一些生物得以度过这个灾难的时代。有人更是认为在海洋中的某个水深可以形成一个“避难带”：气温的升高和海水的升温主要发生于海洋表层，缺氧则主要发生在深层 —— 这是不是意味着中间某一层的海水会不那么高温，也不那么窒息？如果确实如此，这样一层薄薄的海水还是会庇护不少生物吧？

下孔类动物的演化不可避免地因此遭遇了挫折，本已衰落的恐头兽被彻底摧毁，二齿兽和犬牙兽虽然遭遇重创，但幸运的是都挨过了这一艰难时刻。灭绝事件产生的破坏影响深远，直到500万年后，地球上的生态才得以全面恢复。

漫长的历程

地质历史为生物演化洗了牌，古生代结束，中生代的第一个时代——三叠纪到来了。在地球生物圈复苏的过程中，一些力量强势崛起，以恐龙为代表的双孔类逐渐进入了舞台的中心。

但是二叠纪末期的大灭绝事件并没有让下孔类完全消失。犬牙兽非常顽强地复苏和繁衍着，它们在三叠纪依然活跃。二齿兽也是。甚至到了三叠纪中期到后期，二齿兽类的体形还又一次出现了变大的趋势，如扁肯氏兽（*Placerias*）体长可达3米多，重一两吨。其体形已经达到了二叠纪中期貘头兽（*Tapinocephalus*）和麝足兽（*Moschops*）等大型兽孔类动物的水平。

扁肯氏兽复原图

图片来源：Petrified Forest/Wikimedia Commons/CC BY 2.0

南非麝足兽（*Moschops capensis*）是沉重的植食性动物，它们的头骨厚重，可能有互相撞击打斗的行为

图片来源：Dmitry Bogdanov/Wikimedia Commons/CC BY 3.0

2019年传来了更劲爆的消息。在波兰，找到了体形更大的二齿兽（*Lisowicia bojani*）。根据其保存下来的部分骨骼估计，苏勒吉（T. Sulej）和涅德威兹基（G. Niedźwiedzki）认为这个家伙体长超过4.5米，高2.6米，体重在9.33吨。其重量已经接近当代陆地哺乳

动物的骄傲 —— 非洲象的体重。它是迄今为止三叠纪所记录的所有陆生动物中最大的，体形超过了同时代的所有恐龙。著名的《科学》杂志以封面文章的形式刊登了这一发现。同年，马可罗 · 罗马诺(Marco Romano) 等又通过三维建模的方式重新估算了它的重量，其重量缩水至4.87 ~ 7.02吨，最可能为5.88吨。即使如此，它仍然是一个令人振奋的庞然大物。它的发现也意味着二齿兽类可以比原来预想的更大，分布也更加广泛。

以上种种，都暗示着，至少在三叠纪相当长的一段历史时期内，下孔类依然活跃，并且在双孔类崛起的压迫下，并没有快速溃败。

这迫使我思考，到底是什么原因让以恐龙为代表的双孔类最终打败了这些哺乳动物的祖先？在当时，它们

三叠纪动物场景想象图。右下角是两只大带齿兽(*Megazostrodon*)，它们是早期哺乳动物。背后洞穴中的是犬颌兽（*Cynognathus*），它和池塘里的三只布拉塞龙（*Placerias*）都是类哺乳动物。更远处是一条正在捕食的初龙类波斯特鳄（*Postosuchus*）和一些早期恐龙。天空中是早期翼龙真双型齿翼龙（*Eudimorphodon*）
图片来源：sciencephotolibrary/ 图虫创意

具备了什么样的演化优势？甚至能够在随后的时代里，死死地将早期的哺乳动物压制住？

很快，我注意到这个类群一个非常鲜明的特征。在所有的动物类群中，它们是少有的广泛采用两足行走的动物类群，植食和肉食动物都是如此，而且在肉食动物中尤其明显。在整个恐龙类群中，我们几乎找不到依靠四足奔跑的食肉恐龙，这与哺乳动物类群正好完全相反。

当一个类群发生这样显著变化的时候，其背后一定存在着自然选择的推动力量，使它们在与对手的竞争中，获得演化优势。所以，我们有必要来分析一下这种变化所带来的好处。

直立并且伸长的双腿，增大了步幅，提高了奔跑的速度。更重要的是，它抬高了腹部，在同等体形的动物中获得了身高优势。

高度，是一个非常不得了的优势。

首先，它大大增强了动物的探索范围，特别是获得了更广阔的视野，这对发现食物资源和提前发现天敌都至关重要。

对于植食性动物来说，这还意味着可以吃到更高处的食物。特别是在中生代那个裸子植物和植食性动物“军备竞赛”的时代，树木普遍采取了今天椰子等棕榈植物的生存策略 —— 加高树干，然后将叶子至于树干的最顶层。植食性恐龙显然回应了这场“军备竞赛”，它们不仅抬高了腹部，而且发展了较长的颈部 —— 如果因为体形过于庞大而不得不四足行走，那就发展出一个更长的颈部。其结果，大型蜥脚类恐龙成了地球有史以来脖子最长的动物类群。

对于肉食性动物来说，高度意味着俯视猎物，居高临下发动攻击的优势。如果再配上一个能够自上而下发动致命打击的武器就更好了。于是，拥有血盆大口的经典肉食恐龙形象就诞生了。

恐龙的两足行走的基本模式，是以后肢为支点，头部和尾部平衡的跷跷板模式。与此而来的代价就是，为了节省体能，必须减轻前肢的重量，如果头部需要增大，则前肢必须进一步退化。好在，相比只有一个颞孔的下孔类，具有两个颞孔的恐龙拥有更轻巧的头部。更重的头部不仅限制了下孔类向两足运动演化，也使它们很难获得一个较长的颈部，除非它们的头骨或者颌骨发生进一步的变化。

这个前后平衡的问题，在2亿多年后，终于被哺乳动物解决掉了。解决的方法，就是舍弃恐龙那种粗大的尾部，完全跳过这个平衡问题。灵长动物中的猿类在整个动物演化的历程中，第一次以上半身完全直立的姿态，获得了两足行走的另一个解决方案。最终，解放了双手，成就了人类。虽然这样的两足行走方式会带来一些隐患，如脏器的负担等，但这是完全可以接受的代价。

但是，在三叠纪，早期的下孔类动物却很可能因为恐龙的这个变化而处于劣势。而且随着恐龙体形的增大，这一劣势会更加明显。当然，这只是我意识到的变化之一，是一种基于已知事实的猜想，未必全面、准确，欢迎大家一起来探讨。

在生存资源充沛的时候，获取生存资源上的优势也许并不过于突出。但是，一旦环境恶化，那将是致命的影响。

地质历史再次送上了大礼。

就像5000万年前一样，到了三叠纪的末期，也就是2.34亿~2.32亿年前，再次发生了一系列的全球气候事件。有证据显示火山爆发、海平面的升降、遍及大陆的森林大火、酸雨和温室效应等再次发生，其中最突出的便是可能持续了一两百万年的全球降雨。这很可能是与强烈的火山活动有关，毕竟彼时远古的大陆正在解体——这些火山活动导致了二氧化碳的过量排放，引起全球升温，气温的增高加强了水的蒸发并造成了全球更强的水循环。有很多地质证据显示，洪水可能肆虐了全球。这次事件被称为“卡尼期洪积事件（Carnian Pluvial Episode）”。几乎和二叠纪末一样的套路，带走了三叠纪超过半数的物种……

这一次，到了下一个时代，侏罗纪初期时，下孔类再没有超过50厘米的物种，甚至，多数体形都远远小于此。恐龙等双孔类动物确定了其统治地位，我们的祖先们开始躲躲藏藏、战战兢兢地过起了老鼠般昼伏夜出的生活。我甚至相当怀疑当代多数哺乳动物本该有的四色视觉就是这样弄丢了两色的，毕竟，晚上并不需要看清楚颜色。

但是，在这样艰难的生活中，犬牙兽们正在默默发生改变，也越来越像真正的哺乳动物，可能在三叠纪后期早期哺乳动物就已经出现。颌骨的改良是一个非常重要的过程。在早期的下孔类中，下颌骨由不同大小的骨头组成。而犬牙类的下颌骨逐渐变小、替换、整合，形成一体的下颌骨，下颌骨与颅骨相连的肌肉被强化，这一系列的变化使得动物的颌更坚固、有力，另一些小骨则改变功能，成了耳骨的一部分。因此带来的另一个变化是，动物可以通过一种三角形的运动方式运用牙床，进行有效的咀嚼。高效的咀嚼模式首先在植食性犬牙类中得以体现。

此外，就是牙齿。它们的牙齿越来越表现出明确的分工。如在三叠纪中期像大头狗一般的犬颌兽（*Cynognathus*）就已经具备了长而锋利用于杀死猎物的犬齿、小而尖用以咬夹的门齿，以及锯齿状的可以咬碎食物的臼齿。在那时，犬颌兽对早期的恐龙造成了一定的威胁。而到了恐龙时代，牙齿的演化更进一步，因为不同的生活方式而变得相当多样化，在恐龙时代结束之前，早期哺乳类的异型齿体系已经发育完成、相当完善。

嘴巴的变化使得它们的进食能力大大提高，也为维持恒定的体温提供了重要的支持。另一个为恒定体温提供支持的是浓密的毛发。由于毛发较难形成化石，目前还不能确定最早的浓密毛发从何时产生，但有一点可以确认，在恐龙时代，毛发已经是早期哺乳动物的普遍特征。我们可以确定，在恐龙时代结束之前，早期的哺乳动物已经具备了完备的体温调节系统。

它们的身体也在发生着变化，它们具有了更大的脑，从而具备了更强的感官接受和处理能力；它们的四肢同样着生在躯干的正下方，肌肉也做出了相应的调整，使它们的运动能力更强；它们的运动更加借助脊椎的力量，四足运动更加注重前肢与后肢的配合，使得行走与奔跑更趋于两种截然不同的运动方式。这是运动能力上的一次重大变革。

另一个非常重要的变革就是哺乳行为的出现，这同样是一个划时代的变革。事实上，每一次生殖方式的变化，都将带来深远的影响。一方面，哺乳行为提高了后代的成活率；另一方面，这延长了亲代和子代同处的时间，子代可以从亲代那里学习到更多的生存技能。恰好，它们还有个好脑子。

在恐龙时代，尽管多数哺乳动物的体形非常小，如同老鼠一般生活着，不过已经慢慢开始出现较大型的动物，能够和一些恐龙争夺食物资源了。在我国，距今1.25亿~1.23亿年前的白垩纪早期，爬兽（*Repenomamus*）已经能够达到家猫及以上的体形，特别大的可能接近中型犬的体形，但长相还是更像大老鼠。这些“超级大老鼠”是食肉动物，并且有可能捕食幼年的恐龙。

但总体来讲，由于恐龙已经在中生代占据了主要的生态位置，并形成了优势体形，哺乳动物想要在恐龙的眼皮底下崛起，困难重重。更何况，哺乳动物在演化，恐龙也在演化，它们的一个进化支，鸟类中的今鸟类，同样具有卓越的运动能力、发达的脑，并且同样是完备的恒温动物。不过，鸟类已经面向飞行进行了极度的身体优化，这使它们在与未来陆地统治者的对决中将注定处于下风，它们将是天空的统治者。

哺乳动物需要等待一次洗牌的机会。

大约6600万年前，那颗撞击地球的小行星带来了这个机会。

暴龙家族灭绝了，所有的非鸟恐龙灭绝了，大约75％的动物和植物被一波带走，哺乳动物和鸟类遭到重创，但没有被彻底消灭。较小的体形、恒定的体温、较强的获取食物的能力和较强的运动能力也许是帮助这两个类群渡过难关的关键因素。

阴霾散去，中生代终结了，迎来了一个新的时代 —— 新生代。

在之后的一两千万年里，鸟类和哺乳动物快速复苏，进行了辐射适应，占据了各个主要的生态位。鸟类获得了天空，哺乳类获得了大地。

在这次灭绝事件中，大型脊椎动物几乎完全被摧毁，恐龙的灭绝也为哺乳动物的繁盛带来了希望。图中像老鼠一样的是羽齿兽（*Ptilodus*），长着环尾的是古中兽（*Chriacus*），后者也被称为“兽之曙光”
图片来源：sciencephotolibrary/ 图虫创意

原鸡的雄鸟（左）和雌鸟（右）
图片来源：sunti/Adobe Stock/ 图虫创意

第四章·漂亮的公鸡和十条性染色体

公鸡与审美的产生

我们每个人对家鸡都不陌生，甚至很可能每天都在吃，也许是肉也许是蛋，或者是一些其他的小零食等。但我当然不打算在这一章里讨论它的吃法，而是要关注另一个有意思的问题 —— 公鸡为什么比母鸡漂亮很多？这并不是家鸡驯化以后的特征，它们的祖先就是这样。家鸡起源自亚洲，祖先是原鸡，原鸡的雄鸡甚至比家鸡的雄鸡还要漂亮。事实上，整个雉鸡类乃至相当多数的鸟类，相比之下，雄鸟都要更漂亮一点。

毫无疑问，这也是选择力量塑造的结果，这种选择力量，被称为性选择（sexual selection）。如果简单地解释性选择，那就是为了

白腹锦鸡的雄鸟（左）向雌鸟求偶（右）
图片来源：LYPF/图虫创意

繁殖后代，同性之间发生的竞争，以及异性之间的相互选择。这是自达尔文时代就被注意到了的现象，达尔文本人不仅在他的旷世著作《物种起源》中有所论述，甚至专门写了一本《人类的由来及性选择》。在长期的研究过程中，这位科学巨人不可避免地注意到了常规的环境选择压力很难解释雄鸟华丽的羽毛或者成套的炫耀行为的出现，或者是雄狮的鬃毛、男性的胡子等“古怪”的性征，从而必须要引入性选择这个概念。

性选择要解决的核心问题是，在众多的个体中，什么样的个体将获得更多的交配机会，产生更多的后代？这需要一个或者一套标准。在保证生存的基本前提下，每个个体将会因此被打分，分值高的个体获得更多的交配权，而末位则会被淘汰。其结果是，物种内公认的标准会在同性之间导致地位的差别，这代表着某种威仪；也会在异性之间产生某种吸引，这则在很大程度代表着某种审美。审美的产生和演化真的是一件很有意思的事情，然而限于篇幅，我无法展开太多讨论。如果你有兴趣，可以找理查德·普鲁姆（Richard O. Prum）的《美的进化》一书来读读，任烨曾经翻译过一版，这版由我的朋友、鸟类学家刘阳老师审校，翻译质量不错，对你应该能有启发。

一旦种群内部对某个标准达成共识，这一择偶品味将会被逐渐强化。符合这一标准特征的个体会产生更多后代，并有更大的概率产生具有该特征的后代，而这些后代将被再次按照标准选拔，从而使其中更具该特征的个体获得更大的生殖成功。一旦在后代中产生更加符合这个标准的突变，突变就有很大概率被保留下来，并最终取代原有的特征。其结果，最终会产生孔雀那样巨大的尾巴或者一角鲸那样夸张的长牙——它们的象征意义要远远超过实用价值。

然而择偶品味本身的诞生，却一定是有演化意义的，并且是朴素和实用的。我们始终不要忘记了性选择之下还应存在的底层逻辑，也就是尽可能产生健康、生存能力强的后代。因此，这些标准在很大程度上是在衡量个体的优秀程度，以及是否具备足够好的基因，有多大可能产生优秀的后代。对整洁、光鲜的羽毛的筛选，背后考察的则是羽毛主人的身体是否足够健康、营养是否足够

蓝孔雀雄鸟的尾羽对它活动的影响可能没你想象的那么大，至少它们照样可以上房、登高

图片来源：本书作者 摄

充足，是否在确保生存之外还有足够的时间和精力来打理自己的羽毛。至少在通常情况下，你不能指望一个总是活得很狼狈的家伙足够优秀，对吧？

同样的，看起来很奇怪的审美也能够得到解释。比如蓝脚鲣鸟（*Sula nebouxii*），这是一种生活在美洲地区的水鸟，它们可以像利剑一样从高空刺入水中，在水下追捕鱼类。它们的求偶审美主要在

蓝脚鲣鸟与蓝色的大脚丫
图片来源：图虫创意

脚，要看对方脚上的色彩是不是够蓝、够亮。它们取食沙丁鱼等小鱼，然后从这些食物中获取类胡萝卜素等色素，并最终使脚丫呈现蓝色。生存能力强、获取食物更多的个体，也就能够摄取更多的色素，相应地，它们脚丫的蓝色也就更亮丽。另一方面，类胡萝卜素是免疫系统的抗氧化剂和激活剂，是会因为疾病而消耗的，身体越健康，便消耗得越少，能在脚上沉积下来的蓝色也就越多。因此，并非蓝脚鲣鸟有爱脚丫的怪异嗜好，而是自然选择教会了它们通过分辨脚上的蓝色，来判断对方是不是一个健康的个体。

染色体与减数分裂

接下来，一个似乎有点尖锐的问题就是，为什么要产生性？或者，为什么只产生了雌雄两性，而不是三性或者四性？

毫无疑问，没有性别或者只有一个性别，生物也是可以繁衍的，不论是植物，抑或是比较复杂的动物，都存在这样的例子。植物的嫁接和扦插是经典的无性生殖案例，而在有性生殖中，不经交配，由雌性直接产生后代的方式，我们称之为孤雌生殖（parthenogenesis）。孤雌生殖甚至可以完全消灭雄性，在我的研究领域中，存在的若干种蚂蚁就是这样。那个近年来随着盆栽植物土壤向全球范围扩散的钩盲蛇，同样也可以采取孤雌生殖的方式。但

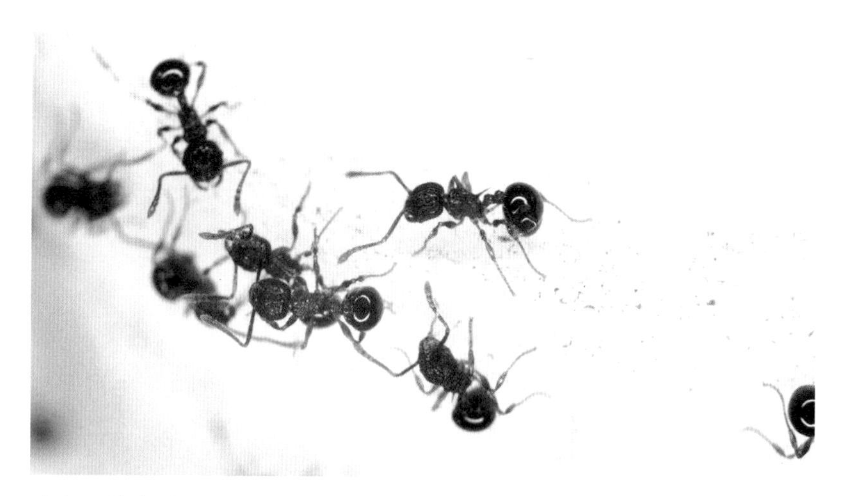

进行孤雌生殖的刻纹棱胸蚁，它们也曾被称为二针蚁或刻纹棱胸切叶蚁
图片来源：本书作者 摄

钩盲蛇
图片来源：许益镌 摄

总体来讲，多细胞生物还是更加倾向于两性生殖的。

两性生殖有一个非常大的优势，那就是它能够增加后代的变异性，或者说，使后代表现出更多样化的性状。这在自然选择的前提下，有助于提高整个种群的适应能力——那些有助于增强适应性的基因突变会因此而在种群中迅速传播。

这得益于两性生殖的特殊机理，即来自父方的精子与来自母方的卵子的结合，受精卵将同时获得双方的遗传物质，并将其进行重组。以人为例，我们的细胞中有46条染色体，其实这包括了23对，它们分别是1至22号常染色体各两条，再加上两条性染色体XX或者XY，XX对应的是女性，XY对应的是男性。此外，人的两条性染色体是异型的，X染色体要比Y染色体长，但这是另一个故事了。

男性出现的关键是在Y染色体上存在睾丸决定因子（TDF），目前Y染色体短臂上的*SRY*基因被认为最有可能是这个决定因子。当前观点认为，人的性别决定是以*SRY*基因为主导，多基因协调的过程。当然，*SRY*基因也不是凭空产生的，有一系列基因与*SRY*基因的起源和演化相关，它们被称为*SOX*基因家族（*SRY* related HMG-box gene family）。*SOX*

是非常古老的基因家族，在多个动物类群、多种染色体上均存在。当然，在人的 X 染色体上同样有该基因家族的成员 ——*SOX3*，它被认为与 *SRY* 基因的起源有重大关联，但 *SOX3* 基因本身可能与性别决定关系不大，而是主要参与中枢神经系统的发育。

这46条染色体可以分成两组，一组来自父亲，一组来自母亲。母亲提供含有22条常染色体和 X 染色体的卵子，记作“22+X”；父亲释放的精子则有两种选择，22条常染色体加上 X 或者 Y，也就是“22+X”或“22+Y”。这时候我们就可以通过右边这张图轻易地理解为什么后代会出现男性和女性两种性别，而且他们的比例是近乎一比一的。

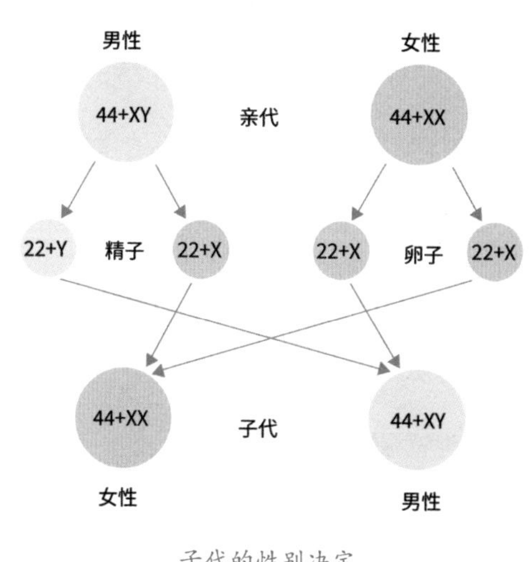

子代的性别决定
图片来源：本书作者　绘

更为绝妙的是产生这些生殖细胞的过程，那是一种被称为减数分裂的特殊分裂方式。就像它的名称一样，减数分裂会发生一次遗传物质的复制，然后细胞连续分裂两次，如初级精母细胞最终会产生4个精细胞，4个精细胞再经过变形成为4个精子——其结果，生殖细胞的遗传物质就变成了原来的一半。当受精作用发生时，精卵结合，两个“一半”加到一起，又变成了“一”。来自两个亲代的遗传物质共同构成了子代的遗传物质，这使得子代的遗传物质既继承自亲代，又与亲代有所不同，最终有所变异。这也是我们长得既像父母又和他们有所不同的重要原因。相比无法进行基因交流的无性生殖，有性生殖打破了单个个体的遗传屏障，从而使得整个种群内的个体之间可以在繁殖的过程中进行基因交流。

事实上，在基因交流层面，细胞做的远比我们想象的要多。在减数分裂的最开始阶段，有一个很特别的时期，在那个时期，发生了一个特殊的染色体行为事件——联会。对应的染色体之间会进行遗传物质的交换。也就是细胞中的1号染色体会找到另一条1号染色体，彼此停靠在一起，2号染色体会去找另一条2号染色体……两条性染色体也会联会，形成卵细胞时是X染色体找X染色体，形成精子时就是 X 染色体找 Y 染色体。而在对应染色体相应位置的片段则有可能发生交换，这些片段上的基因在功能和起源上是对应的，也被称为同源片段，但这些基因未必相同。

举个简单的例子，决定人是否双眼皮的基因是同源的，我们可以暂时用字母 A 来表示这一组基因。A 基因对 a 基因是显性的。什么意思呢？就是如果一个人在两条染色体上都是 A 基因，那他就是双眼皮，如果都是 a 基因则是单眼皮。但如果他一条染色体上是 A 基因，而另一条染色体上是 a 基因，当 A 遇到了 a，问题就来了，谁说了算？答案是显性基因，也就是 A，所以 Aa 的组合也是双眼皮。

这些对应的染色体交换同源片段将带来一个结果，那就是交换后的染色体已经和原来不同了，两条染色体上的基因，发生了重组，产生了新的染色体类型。而这种交换是随机的，会让成千上万个基因发生交换和重排。如果一个雄性产生很多个精子，那就需要很多精母细胞发生减数分裂，其结果，就是发生了很多次联会和互换，会产生很多不同遗传类型的精子。这使得生殖细胞的遗传多样性大大增加。

但值得注意的是，X 染色体和 Y 染色体比较特殊。虽然在减数分裂的时候仍然可以通过假常染色体区域（pseudoautosomal region, PAR）进行配对，但发生基因交换的区域也仅仅限定在这个

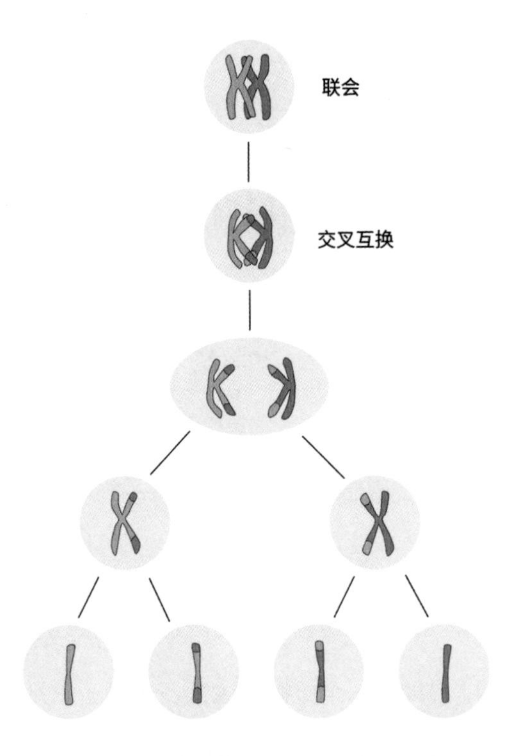

减数分裂过程示意图。一个细胞经过复制的一对联会的染色体通过一次交叉互换，最后产生 4 个子代细胞、4 条子代染色体，并产生了新类型的染色体（最后一行的中间两个）。事实上，联会的染色体会在多位点发生多次交叉互换，产生的结果远比示意图中的复杂

图片来源：本书作者　绘

范围内；其余区域在 X、Y 染色体之间已经发生了很大的序列分歧，因此重组也很难进行。这也是为什么 Y 染色体上会累积一些有害突变的原因，因为它们即使发生了轻微的有害突变，也很难通过类似常染色体或 X 染色体上的重组来将突变进行修正。

总体上来讲，细胞每次一分为二的分裂方式，决定了产生生殖细胞时，遗传物质只能减半，那也就意味着，每次进行繁殖，在两个个体之间进行基因交流才是最合适的，这也就是两性产生的基础。而一旦两个个体进行基因交流的基本模式确定，从基因层面、生殖细胞层面到个体层面就一定会朝着两个不同的类型演化，种群中的个体也会朝着性别差异化来演化。有足够多的证据提示在这些演化过程中，早期生物类群的精子和卵子差别就很小，而较后期的生物类型两种生殖细胞的差别就比较大了。

从鱼到鸭嘴兽

如果深入到整个动物类群中，我们会发现，尽管多数动物都采取了有性生殖的方式，但是决定性别产生的机制却非常多样化 —— 一些动物的性别受到基因和染色体的决定，另一些则受环境影响。比如黄鳝（*Monopterus albus*）著名的性移位（sex succession）现象，其前半生是雌性，而后半生则是雄性，一旦转变为雄性则不再转化为雌性。其向雄性的转变可能与体内一个名为 *Dmrt 1* 的基因开始产生更强的作用有关。

事实上，从鱼类到爬行动物，它们的性别决定是如此的多样化，以至于让我们眼花缭乱。比如在前文中我们提到的双孔类爬行动物中，一个比较为大众所熟知的，就是决定棱皮龟（*Dermochelys coriacea*）等海龟动物性别的是孵化时的温度，而不是性染色体。这在龟类中不是个案，如欧池龟（*Emys orbicularis*）、欧陆龟（*Testudo graeca*）、图龟（*Graptemys geographica*）等。通常，在龟类中，较高的孵化温度发育成为雌性，较低的孵化温度则发育成为雄性。但是，在豹纹守宫（*Eublepharis macularius*）和鬣蜥（*Agama agama*）等蜥蜴类爬行动物中，情况则反了过来，它们在较高的孵化温度下更容易产生雄性，而雌性则是在较低的孵化温度下产生。此外，还存在高低温均产雌性，中温产雄性的类型。因此，环境温度的变化往往会强烈地影响某些动物雌雄的性别比例，这类性别决定型，也被称为环境依赖型性别决定（environment-dependent sex determination, ESD）。从发育机制上，它通常被解释为“温度－激素”模式，也就是爬行动物胚胎发育存在一个温度敏感期，在这个阶段，环境温度能够作用到性激素相关基因的表达上，改变内环境性激素的调控水平，从而影响性别决定。除了温度作为主要的决定因素外，环境中的其他因素也能够影响性别决定，如有研究认为在部分鳄类中，孵化巢中的湿度可能也会影响性别的分化。

豹纹守宫
图片来源：本书作者　摄

但是，情况也不全是如此，如巨型麝香龟（*Staurotypus salvinii*）和大麝香龟（*Staurotypus triporcatus*）就是由性染色体决定性别的，而且是XY型性别决定，也就是XX为雌性，XY为雄性。这些异型染色体之所以能够决定性别，还是因为染色体上有与性别决定有关的基因。这种性别决定类型，被称为基因型性别决定（genotypic sex determination, GSD）。所以，尽管通常异形染色体的物种都被认为属于基因型性别决定，但关键还是看有没有决定性别的基因，在爬行动物中也确实存在缺乏异型性染色体，但却属于基因型性别决定的例子。

而在蛇和部分蜥蜴中，还存在 ZW 型性别决定的情况 —— 它们的性染色体是 Z 染色体和 W 染色体，而且和 XY 型性别决定正好相反，同型（ZZ）是雄性，异型（ZW）为雌性。而同样起源自双孔类的鸟类，也属于 ZW 型性别决定。如果再往其他动物类群中看看，鱼类和两栖类中同样存在着一些 ZW 型性别决定的例子。至于这些 Z 染色体是不是相同起源的，那可就难说了。我们只是将同型性染色体决定雄性的性别决定系统称为 ZW 型，将同型性染色体决定雌性的性别决定系统称为 XY 型，仅此而已。

关于环境依赖型性别决定和基因型性别决定谁更原始的问题，也存在争议。之前有观点认为两者是各自独立的系统，也有观点认为环境依赖型性别决定更原始一点。但目前看来，至少在爬行动物中，基因型性别决定有可能是更加原始的性别决定系统，而环境依赖型性别决定反而是多次独立起源的，并且可能存在一些适应性意义。当然，有关问题仍需进一步研究。

你看，如此多的性别决定类型，显示出性别决定这件事，恐怕也是一个非常复杂的演化系统；性染色体的出现，恐怕也绝不是单一的演化事件。即使下孔类的后裔，也就是我们这些哺乳动物，看起来也是如此。

关于此，我很荣幸能够介绍到我们课题组中另一个小分队的发现，领衔科学家仍然是国捷，成果最终发表于2021年上半年的《自然》杂志。能发表于顶级学术期刊，当然是好故事，而且一如国捷的特点：工作扎实，信息量很大。我没有参与这项研究，不过近水楼台先得月，他们花了足够长的时间为我介绍这一工作，并让我有了充分的理解。

这项研究涉及一个非常有意思的哺乳动物类群——单孔类。需要特别指出的是，“单孔类”中的“孔”可不再指颅骨上的洞，而是说这类哺乳动物排便、排尿和生殖都共用一个开口。此类动物现今都分布在大洋洲，其代表是鸭嘴兽和针鼹。

如果你对动物感兴趣，或多或少都会知道鸭嘴兽的名声。它们确实是非常特殊的动物，以至于当年第一个收到鸭嘴兽标本的博物学家都以为这是个缝合拼凑的标本。这种拥有鸭子一样扁扁的嘴巴的动物，具有非常多的让人着迷的特质。它们的成年个体牙齿是几乎不发育的，只有幼体拥有几个小的牙齿。它们同样也是少数具有毒性的哺乳动物，雄性个体的后肢具有毒针，由于存在性别差异，这根毒针除了具有防御意义外，也与繁殖行为有关。鸭嘴兽虽然被称为哺乳动物，雌性也拥有泌乳的能力，但是没有乳头，它们的乳汁中还含有很多抗菌物质。与其他的胎生哺乳动物不同，鸭嘴兽是卵生的，但卵也与鸟类的硬壳卵不同，是软壳的革质卵。

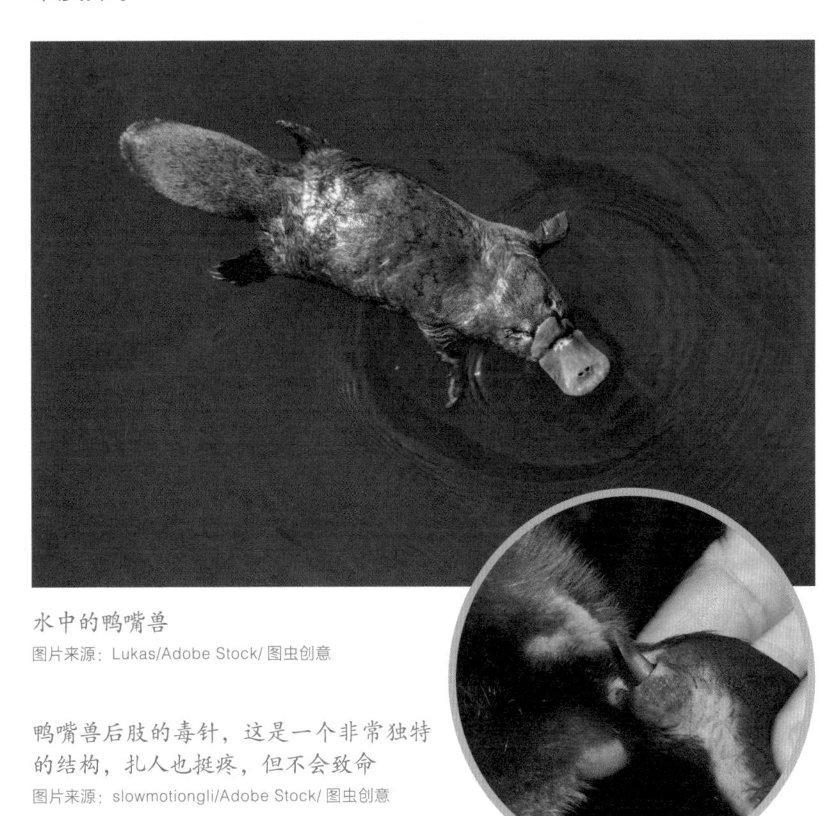

水中的鸭嘴兽

图片来源：Lukas/Adobe Stock/ 图虫创意

鸭嘴兽后肢的毒针，这是一个非常独特的结构，扎人也挺疼，但不会致命

图片来源：slowmotiongli/Adobe Stock/ 图虫创意

针鼹强有力的爪子可以帮助它们刨开泥土，吃到地下的小虫

图片来源：针鼹保育科学项目（Echidna CSI） 供图

与鸭嘴兽善于在水中活动不同，针鼹生活在陆地上。虽然针鼹看起来有些像刺猬，但与刺猬是非常不同的物种类群，这是趋同演化的现象。除了上述区别，鸭嘴兽和针鼹的胃也基本都退化了，虽然我很不喜欢“退化”这个词，但确实用起来比较容易说明问题，它们的食管几乎直接和肠道相连。

与其他动物迥异的这些特征意味着单孔类是非常基础的哺乳动物类群。它们在分类上被划入了哺乳动物中的原兽亚纲单孔目，与其他所有现生哺乳动物为姐妹群关系。所以要研究现代哺乳动物整个类群的演化，单孔类是没有办法绕过去的存在。这一研究的合作方，澳大利亚阿德莱德大学的弗朗克· 格鲁兹纳（Frank Grutzner）教授就是单孔类演化研究的专家，在过去的10年中，他致力于将单孔目作为相关研究的模式物种。

另一个合作方是浙江大学的周琦教授，他从博士阶段就开始专攻动物性染色体和性别决定基因的演化，工作涵盖了昆虫果蝇、鹿科动物黑麂、鸟类和罗非鱼等不同物种的性染色体，是这方面的不可多得的优秀学者。

另一位在这个研究中有突出贡献的科学家是我们课题组的周旸博士，他以基因组分析见长，是一位年轻又帅气的小伙子，也是这篇论文的第一作者。我要特别感谢他，他花了差不多两个小时和我一起回顾了这篇论文，并解答了我全部的疑问。

研究团队通过最新的测序技术，对鸭嘴兽和针鼹进行了全基因组测序，获得了长短不一的DNA序列信息——鸭嘴兽2090G，针鼹1312G。我觉得，在这里，有必要对上一句话进行充分的解释。因为组成染色体的DNA分子相当长，以至于我们基本不可能将它完整地从细胞中提取出来。而在基因组测序的时候，仪器也没有能力将整条 DNA 分子完整地读取下来。因此，测序得到的初始数据是来自很多 DNA 片段的数据，数据并不完整。但是，信息量足够多，组成了一个碎片化的大数据集。G 是数据单位，如果你接触到与遗传信息有关的资料，G 或者 M 会是很常见的符号。G 实际

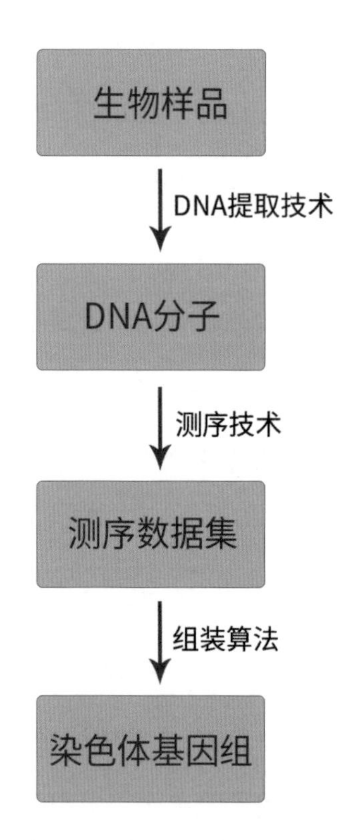

基因组测序流程示意简图
图片来源：本书作者　绘

上是 GB，也是用来形容数据集大小的单位，和我们计算机名词上常用的 KB、MB 和 GB 等单位其实是一致的。DNA 上代表遗传信息的碱基被量化成了 A、T、G、C 等一个个字符，遗传序列也就被转化成了字符序列。所以，一两千 G 的数据量其实是挺不小的了，可以撑满一块硬盘，在某种程度上已经可以称得上是数据的海洋了，不过这些信息都是破碎的。

接下来的工作就是在这些数据的海洋中，尽可能利用数据碎片准

确地校正、拼接出两种哺乳动物的基因组数据。这对测序的准确性要求很高，如果数据质量不高，包含了很多错误，就很难组装成完整的 DNA 分子，也就是组装到染色体级别。经过组装，结果，鸭嘴兽基因组的大小为1.8G，针鼹的为2.3G。而且他们最终获得了质量更高、更为完美的染色体级别的鸭嘴兽基因组。而针鼹的测序数据质量略差，但也组装得到了这一级别的 X 染色体数据。

事实上，性染色体的组装一直是基因组组装的难点，通过该研究建立的方法，可以很好地解决性染色体的组装。高质量基因组是演化研究的数据基础，能够帮助我们更好地理解物种演化过程中的分子机制。

接下来，就是从基因组数据中挖取信息。鸭嘴兽和针鼹的一些特殊性状在基因层面得到了解释。比如他们找到了卵黄蛋白原基因（*vitellogenin*），它参与了卵黄营养物质运输过程，而相应基因在胎生哺乳动物如人类、考拉等中已经丢失了，这与单孔类卵生的特征相对应。同时，单孔目物种已经拥有了一些参与泌乳过程的基因，如乳汁中主要成分之一的酪蛋白的基因。这提示着这些与泌乳相关的基因是从所有现生哺乳动物共同的祖先就已经开始演化形成了。而参与到牙齿生长过程中牙齿形成、生长及牙釉基质矿质化的基因，以及引导 ATP 酶将氢离子泵入胃中、刺激胃酸分泌过程的胃泌素基因（*gastrin*）等，在两个单孔目类群中都已经发生了丢失。

此外，尽管鸭嘴兽和针鼹同属于单孔目，但两类物种生活在截然不同的环境里。鸭嘴兽是一种半水生的动物，以水中的小型无脊椎动物为食，主要依靠水中的电流信号觅食；而针鼹是陆生动物，以地下的白蚁等为食，主要依赖嗅觉寻找食物。因此二者在嗅觉、味觉等系统的发达程度上也有所差异，这点能够从二者主嗅球和辅助嗅球的大小上反映出来：鸭嘴兽主要依靠水中的电流信号寻找食物，而针鼹则主要依靠嗅觉寻找生活在地下的白蚁。与此相对应的，该研究团队发现针鼹的嗅觉受体基因明显多于鸭嘴兽和其他哺乳动物，而犁鼻器受体基因的数量则是在鸭嘴兽中更多。另外值得一提的是，犁鼻器受体基因在其他的一些夜行性动物（如狐猴）中也被发现有所扩张，因此它们在鸭嘴兽中的扩张也可能与其在水下活动时会将眼睛等器官闭上的行为有关。另外单孔目中苦味受体基因的数量明显少于人类、小鼠等哺乳动物。这些差异可能是两个物种在适应不同生态环境的过程中分化的结果。

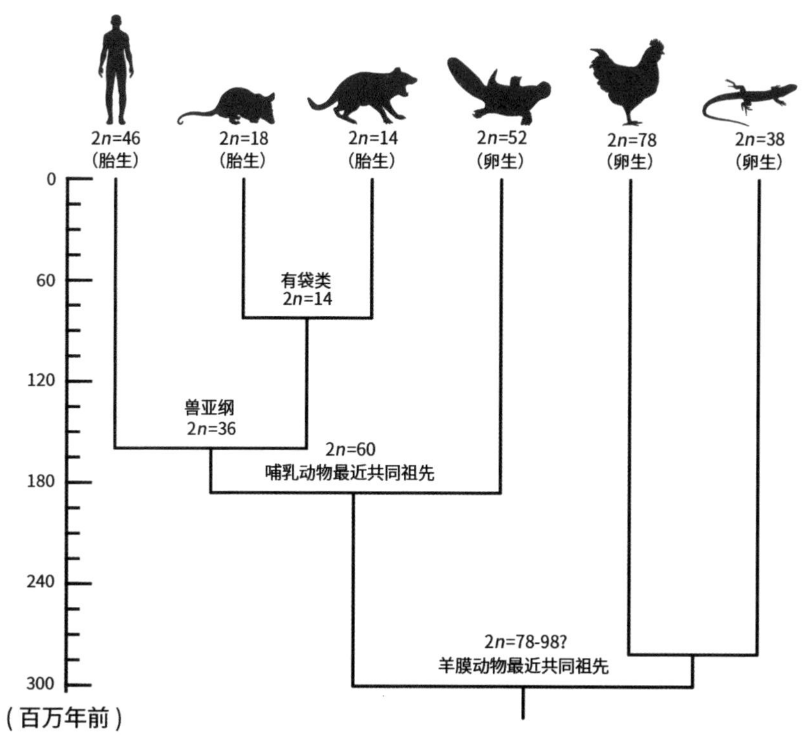

哺乳动物染色体演化历程简图
图片来源：周旸和本书作者　共同绘制

而在染色体级别上，则有更多的故事被揭示出来。得益于本研究了解的两个高质量的单孔目基因组，结合包括人类在内的多个其他现生哺乳动物的基因组数据，研究团队首次尝试构建现生哺乳动物共同祖先的基因组图谱。最终，推断这个共同祖先具有60条染色体，时间定位在距今大约1.8亿年前。不过，这一研究最有意思的地方，还是在哺乳动物性别决定的演化上。

很多性染色体

单孔类哺乳动物的性染色体数量比较多，性染色体也比较特别。以鸭嘴兽来说，它们的染色体有52条，其中包括42条常染色体和10条性染色体 —— 雌性是10条X染色体，雄性是5条X染色体和5条Y染色体。

当然，5条X染色体也不同，分别记为1—5号，Y染色体同样也是1—5号。至于针鼹，则是54条常染色体加上10条或9条性染色体，它们的雄性少1条Y染色体。

这与其他现生哺乳动物往往只有一对性染色体相当不同，其他哺乳动物类群，通常都是一对性染色体来决定性别，只有极少数物种丢失了 Y 染色体。

而且有意思的是，根据这次基因组数据的分析，单孔类的性染色体和其他哺乳动物的性染色体起源还不相同，也就是说，很可能我们和鸭嘴兽的性染色体系统是各自独立在哺乳动物的共同祖先出现之后形成的。倘若这些性染色体系统出现在我们的共同祖先之后，那我们的共同祖先又是如何决定性别的呢？是如同某些爬行动物一般依靠孵化的温度？抑或是某些原始的性染色体？这些都有待进一步的研究。

而单孔类如此多性染色体的情况也十分引人注目，而且它们彼此还具有部分同源的关系，以至于它们在减数分裂的过程中会形成特殊的联会形式。

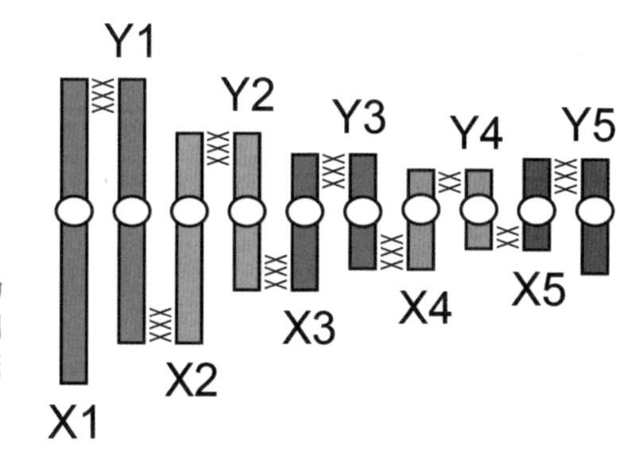

减数分裂联会时，鸭嘴兽的性染色体出现的特殊的排列形式示意图，“×”符号简示其中的同源区域

图片来源：周旸　绘

关于这么特别的性染色体，人们就其来源提出了不少假说，如通过两个古老的单孔目群体的杂交产生，或者是由原始的XY染色体断裂形成的，等等。而这次研究给出了一个更靠谱的答案，很可能是最开始的性染色体与其他染色体之间发生了染色体的转座和异位，而且发生了多次。说得再通俗一点，就是性染色体上一段交换到了别的染色体上——当然，这可不是正常现象，通常的片段交换只发生在减数分裂染色体联会的时候，而且是发生在对应的染色体的同源区段之间，所以，这种情况属于染色体结构变异，是很罕见的异常情况。但是，它还是发生了。但我们如果将时间尺度拉得足够长，把它放到演化的宏大时间尺度中，就会出现足够多次这样的变化，多到足以改变物种的染色体数量。就如我们现代哺乳动物共同祖先的染色体数为60条，而我们人类只有46条。

更进一步，研究团队在X1染色体上发现了单孔目潜在的性别决定基因*AMHX*；但出乎意料的是，与*AMHX*同源的*AMHY*基因，并不位于与X1染色体配对的Y1染色体上，而位于Y5染色体上。同时，绝大多数的X1基因的同源基因也处在Y5染色体上。

这是一个很有意思的事情，假如X1和Y5也有同源关系的话，

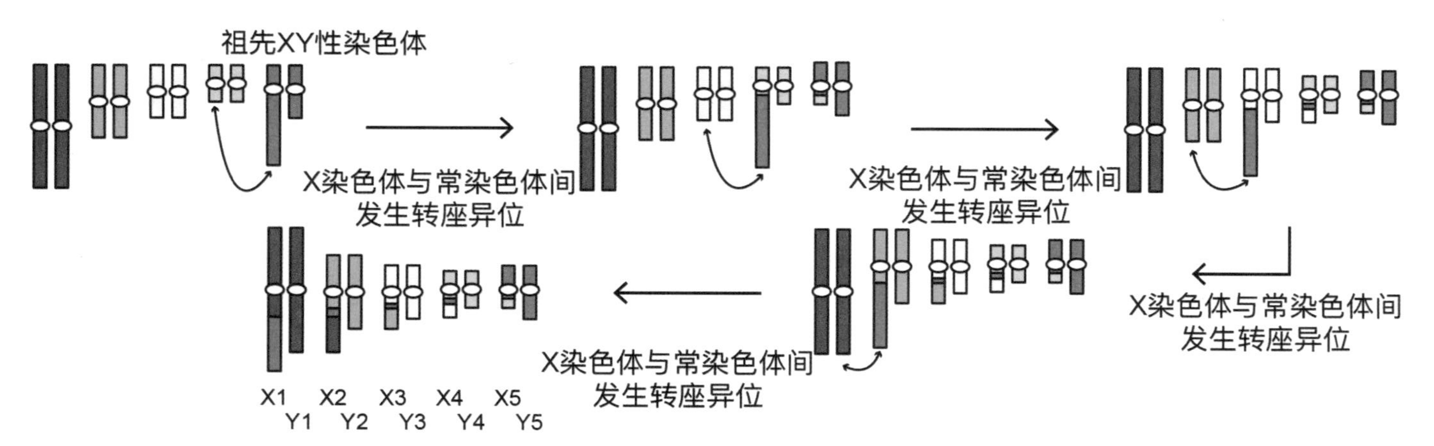

鸭嘴兽的 10 条性染色体从最早的 XY 染色体起源示意图。当然，实际情况要比这复杂得多

图片来源：周旸 绘

那么，在单孔目性染色体演化的初期，它们很有可能也会发生联会现象。若是如此，X1就会与Y1和Y5同时联会，那么，5对性染色体可能在减数分裂时会形成一个首尾相接的非常罕见的环状联会结构。但是，这个结构随着Y染色体的进一步退化而最终断开，形成了人们现在观测到的长链状联会结构。看起来，这真是一个既混乱又有趣的故事。

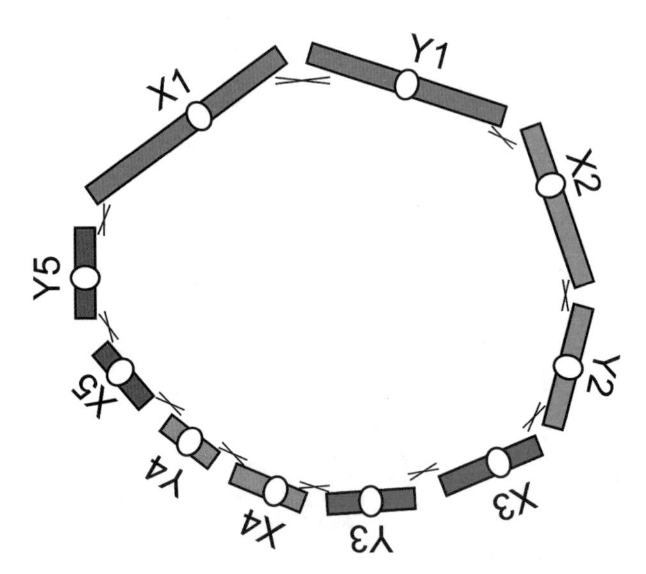

鸭嘴兽祖先的细胞进行减数分裂时染色体配对可能形成的环状结构示意图

图片来源：周旸　绘

毁灭刃齿虎（*Smilodon populator*）是曾在美洲大陆生存过的大型猫科动物
图片来源：Daniel/Adobe Stock/ 图虫创意

第五章 · 游泳懒与陆桥的形成

南美的懒

2020年的最后一天，《海洋探秘》的编辑发信息来催稿，问我下一期要写什么动物。我在这家杂志上有一个有关远古海洋生物的专栏，已经维持了挺长的时间。这个专栏主要是介绍一些比较大型的古海洋生物，有的时候也写写演化中发生的特别事件。

由于专栏已经进行了比较长的时间，要挑个物种出来已经没有刚开始那么容易了。如果你写专栏，往往会有这种感觉，就是越到后面越不容易选题，因为你熟悉的题材可能已经差不多都写完了。我轻轻敲着桌子，琢磨着要选一种什么动物来写。就在这时，我脑子里灵光一闪，不如写写海懒（*Thalassocnus*）吧？

海懒不是海獭，我没有写错字，这是一个才纳入我们视线不久的古生物类群。也许你对海懒不够熟悉，但你应该对树懒有所耳闻，这类动物出了名的磨蹭。著名的迪士尼电影《疯狂动物城》里，更是通过树懒先生“闪电”把它们的这个特质刻画到了极致。

“闪电先生”的原型是树懒家族中有三个指头的三趾树懒，它们的分布要比只有两个指头的二趾树懒更广泛。但是不管是哪种树懒，“慢”都是它们必备的属性。它们爬起来每秒只能移动6厘米，

哥斯达黎加的三趾树懒

图片来源：EnricoPescantini/Adobe Stock/ 图虫创意

如果不幸遭遇追捕，就只能认栽，因为就算它们想逃跑，动作也还是像慢镜头回放一样。它们的爪子意外地弯曲锋利，但遗憾的是，这样锋利的爪子并不是用来战斗的，而只是为了方便它们懒洋洋地挂在树上。

不过，动作慢并不是“慢吞吞先生”主观造成的，它们也有自己的苦衷。因为它们的肌肉组织只有同等大小的哺乳动物的一半，所以它们没有运动天赋。既然再努力也无法在运动方面与同类竞争，那就干脆彻底放弃“锻炼”的念头，懒懒地、舒舒服服地过日子算了——“慢吞吞先生”也许是这样想的吧，所以，它们习惯整天在树冠的某个地方懒洋洋地吊着，就近吃喝，甚至连“慢吞吞女士”生宝宝时也不挪一下地方。

不可思议的是，这样一个又慢又“懒”的家伙却在纷争不断的自然界活得挺好，在别的动物为了生存争得你死我活的时候，它们却把一天中的20个小时都花在睡觉上，偶尔才会想起来抬抬眼皮看看这个花花世界。

事实上，这样一种慢悠悠的生活也是一种生存策略。树懒通过节制运动来减少能量消耗，减少对食物的需求，而这也给它们带来了

好处 —— 因为长期缺乏运动，疏于打理的浓密长毛中会慢慢长出绿色的藻类，成为天然的"绿色迷彩"外衣，帮助它们隐藏在树冠层，就如同杂草一样，很难被捕食者注意。对"慢吞吞先生"树懒来说，绿色的藻类不仅起到重要的隐身作用，还有另一个妙用。因为树懒的毛发都是对折的，这样就可以在上面长出更多藻类。这些藻类最终成为树懒食谱中的一部分，毕竟在自己身上舔舔，要比走两步去吃叶子更容易，何况它们的脑袋也很容易从各个角度舔舐 —— 比如白喉三趾树懒的脖子可以前后运动270°，水平旋转330°。

但是，这些生长在树懒身上的藻类从哪里吸收养分呢？这你就不用担心了。正是因为身上的毛发长，所以树懒身上能秘密隐藏着数以百计的小虫，比如螟蛾。这些小虫赖在树懒身上直至终老，它们的尸体腐烂后会变成无机营养，滋养藻类的生存。

树懒做过的最费力气的事估计就是爬下树去拉屎。由于树懒无力的后肢根本就不能支撑起身体，它们只能肚皮贴地，借助肚皮和前肢往前蹭。这对树懒来说，可绝对是一次艰苦的旅程，而且也增大了它们遭遇天敌的风险。所以，树懒肯定有不得不这样做的理由。

目前，还不能完全确定它们这样做的原因。有人认为这是为了隐藏它们的栖居地，毕竟如果树懒直接在树上拉屎，地面的动物看到屎堆后再抬头，多半就能发现它们的踪迹。另一个观点认为，这也许还与求偶有关，树下的粪便相当于它们的身份信息卡。路过的树懒通过粪便，可以知道树上住着一个什么样的家伙，是男生还是女生，有没有婚配过等。这样能帮助它们完成速配，毕竟谁上下一趟树都挺不容易的。最近的研究更是揭示了一种可能的共生机制——那些生活在树懒毛“丛林”里的螟蛾已经几乎失去了飞行的能力，只能在树懒的粪便里产卵繁殖。所以，树懒就只好亲自把它们送到树下的粪堆里去了。不过，好在它们不需要经常做这样费力的事情，它们每个星期只拉一次。

海懒正是树懒的近亲。1995年，古生物学者米伊宗（C. de Muizon）和麦克唐纳（H.G. McDonald）在《自然》杂志上以学术通讯的方式报道了从秘鲁皮斯科组（Pisco Formation）发现的一些有意思的化石。皮斯科组是秘鲁南部沿海的海洋化石沉积地层，大约有640米厚，包括了从中新世中期直到更新世早期，时间跨度从距今1500万到200万年前。皮斯科组蕴含着很丰富的动植物化石，发现过不少新东西。然而即使如此，人们也没有想到，能找到会游泳的懒类动物。它被定名为“浮游海懒兽（*Thalassocnus natans*）”，是这个类群定名的第一种动物，地质年代为上新世早期，距今大约五六百万年，生活场景为秘鲁南部海岸的浅海。

浮游海懒兽复原图
图片来源：刘野 绘

浮游海懒兽全长约2.5米，是个大家伙。不过它的性格应该比较温和，它们的牙齿和颌骨显示出适合压碎和磨碎食物的特征，这意味着它们是植食性的动物，可能取食海草或者海藻。海懒头部前颌化石具有丰富的孔状结构，应该是为唇部肌肉供血的，这提示着它们可能会有比较发达、有力的唇部，因此它们可能会像今天的海牛一样用上唇撕扯食物。相比其他哺乳动物，海懒的骨密度更大，应该是为了对抗海水的浮力，这也意味着它们拥有较好的潜水能力。海懒的鼻孔在吻的前端，有利于它们随时伸出头到水面呼吸。懒类动物作为比较原始的哺乳动物类型，较低的基础体温也有利于海懒的潜水活动，它们身体的热量散失得更慢。

但海懒可能不是完全水栖的动物，它们有可能还会在陆地上生活，它们的游泳技能可能也不太好，尽管尾部似乎可以帮助游泳，但后腿踩水才是产生推力的主要方式。因此，它们可能主要在浅海的礁石区活动，不会进入广阔的海域，它们将很难从鲸类或者是鲨类口中逃脱 —— 这些捕食者甚至有时候会追杀到浅海区，这使得不少海懒化石上都留下了捕食者攻击的伤痕。它们同样拥有树懒那样尖锐的爪子，但应该也不是自卫的武器，倒是也许可以用来挖掘食物，或者把自己固定在岩石间，毕竟，它们的游泳本领可能不太高。

到目前为止，我们已经知道了至少5个海懒物种，除了最初的模式物种浮游海懒兽外，还有大约早个一两百万年的 *Thalassocnus antiquus*，晚一点的 *Thalassocnus littoralis*、*Thalassocnus carolomartini* 和

Thalassocnus yaucensis，全部集中在秘鲁南岸秘鲁皮斯科组的不同地质年代。这也表明它们是一群在地理上分布非常局限的动物类型。

其中，*Thalassocnus yaucensis* 的年代最近，大约在距今300万年或者更晚一点的时间段上，它们的体形也更大，全长超过3米。但也正是在这个时间段上，整个海懒族群遭遇了致命的危机——南美和北美之间的巴拿马陆桥（Panama land bridge）彻底形成了。

巴拿马陆桥的形成可能是白垩纪末期大灭绝事件之后对物种演化影响非常大的事件之一。在大约1亿年前，南美大陆与非洲大陆分离，并在之后的数千万年内逐渐与北美洲和南极洲分离，转变成了一个完全孤立的大陆。之后，和大洋洲大陆类似的封闭演化使得这块大陆也拥有了一套自己的物种系统，出现了很多独有的类群，懒类就是其中的代表。然而，随着两个大陆板块的逐渐靠近，南美洲大陆板块向西移动，而小得多的巴拿马板块向东移动。首先是巴拿马板块露出海面的部分与北美大陆的北端拼合在了一起。紧接着，南美大陆的撞击又抬升了一部分陆地。巴拿马陆桥就这样形成了。

对海懒来讲，巴拿马陆桥带来的最直接的冲击就是它彻底阻断了来自大陆另一面的温暖洋流，这造成了它们所生活海域水温的下

南美大陆与其他大陆的位置关系变化

大致时间	状态
6600 万年前	南美大陆与北美大陆及南极大陆均连接在一起。但在此之后，它与北美大陆失去了联系
6600 万 ~ 5000 万年前	南美大陆与南极大陆连接。南极大陆此时还与澳洲大陆连接，不过在这个阶段，这两个大陆之间很可能失去了联系，但是，它们分离的时间也可能更晚一些
5000 万 ~ 3400 万年前	南美大陆与南极大陆连接，此时后者仍然没有被冰雪覆盖
3400 万年前	南美大陆与南极大陆失去联系。南极大陆开始冻结
3400 万 ~ 900 万年前	南美大陆没有与任何大陆连接。但在大约 920 万年前，东太平洋和西加勒比海之间的深海联系被切断
900 万 ~ 300 万年前	一系列岛屿出现在南美大陆和北美大陆之间，在接近这个时间段末期时，巴拿马地峡已经几乎形成
300 万年前至今	南北美之间的陆上连接完全形成

降。这意味着海洋的生产力因此下降，它们要面临海草与海藻减产的问题。不仅食物减少，在面对寒冷时，海懒较差的体温调节能力也成了问题，我甚至怀疑 *Thalassocnus yaucensis* 的较大体形也与维持体温有关。而游泳能力不太强的海懒显然还没有做好长距离迁徙的准备，它们的分布非常局限。于是，这个类群走上了末路。

陆桥的冲击

巴拿马陆桥的形成造成的冲击绝不只局限于生活在海边的海懒，它对各种海洋生物的影响都极为巨大，比如说生活在那里的巨齿鲨（*Carcharocles megalodon*）。

此前，地质学家在古代地层中发现了不少巨大的鲨鱼牙齿，持续存在的历史超过1000万年。这些牙齿和大白鲨的牙齿非常相像，但又要大得多 —— 足足接近20厘米长，能够覆盖住成人的整个手掌，是迄今为止人们所知的最大的鲨鱼牙齿。虽然由于缺乏骨骼化石，我们无法直接知道这种鲨鱼的体形。但是，我们可以通过鲨鱼的一般特征进行推测，如一般鲨鱼的身长为牙齿的长度乘以100，以此计算，巨齿鲨的体长大约为14 ~ 20米，重达数十到上百吨，如果同比放大，那么，它应该有一张直径超过2米的巨口！根据推测，这张嘴的咬合力为10.8 ~ 18.2吨，远超霸王龙的3.1吨和大白鲨的1.8吨，是地球有史以来最强健的嘴巴。

巨齿鲨复原图。曾有一部名为《巨齿鲨》的电影，但是那部电影对巨齿鲨的体形进行了夸大。即使不夸大，它们也已经够大了

图片来源：warpaintcobra/Adobe Stock/ 图虫创意

今天，6米长的大白鲨经常捕食海豹等鳍脚类动物，而当年的巨齿鲨可能主要将目光锁定在当时海洋中比今天要多得多的鲸

类上，没有锋利牙齿的须鲸类很可能就成为它们主要的食物来源。还好，今天我们可以通过化石记录做出一些推断，科学家确实在古须鲸化石上发现过和巨齿鲨牙齿对应的齿痕。我们可以想象，当巨齿鲨追上并用巨口咬住一头6米长的新须鲸的尾巴时那种剧烈挣扎的场面，显然猎物很难挣脱逃走，鲨鱼用可怕的牙齿牢牢咬住它 —— 这些如手术刀般锋利的牙齿对猎物来说绝对是致命的。当然，哪怕以鲸类为主食，这些巨大的海洋杀手也是机会主义猎手，化石记录显示鳍脚类、海豚类、儒艮和大海龟都曾经在它们的食谱中出现过，作为当时海洋的顶级掠食者，它的选择显然很多。

但是，再大的鲨鱼也有童年。巨齿鲨很可能需要到浅水来产下幼鲨，并且需要依靠浅水成长起来，再进入深水。2010年，凯特琳娜 · 皮尼安托（Catalina Pimiento）等人报道了巴拿马海岸附近疑似的巨齿鲨育儿地，在那里发现了很多未成年巨齿鲨的牙齿化石。

板块之间的冲撞抬高了近海区域，破坏了巨齿鲨的“托儿所”，陆桥的形成也截断了巨齿鲨的繁殖路线。

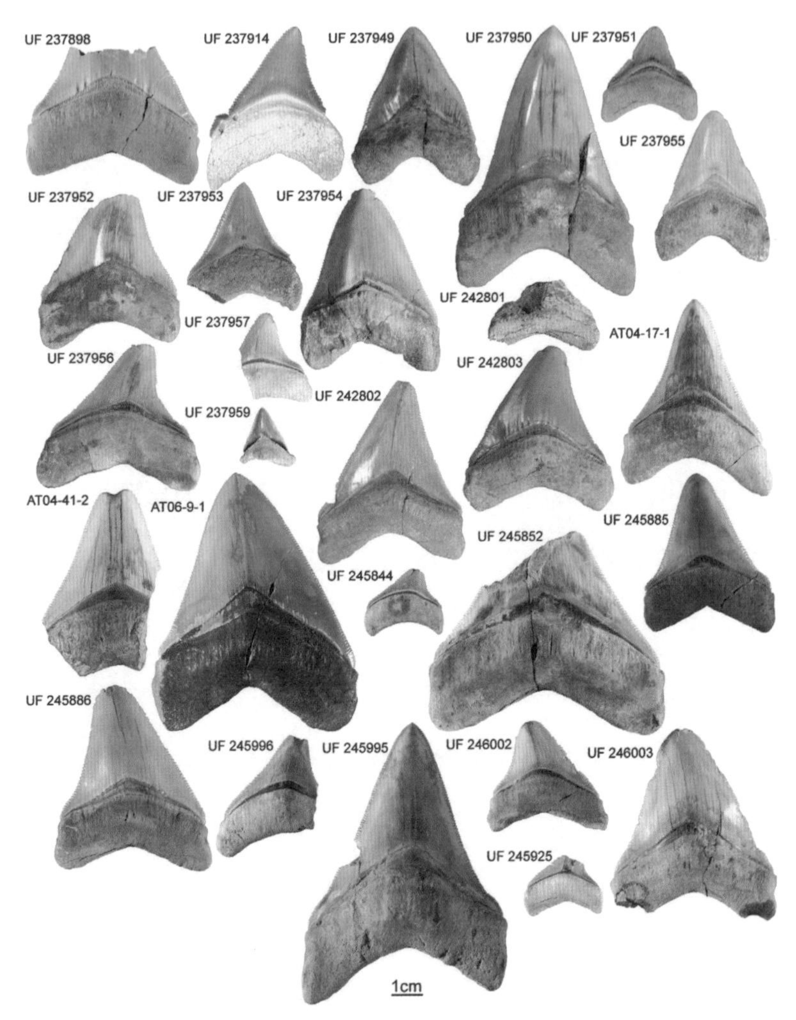

皮尼安托等在巨齿鲨育儿地发现的大大小小的巨齿鲨牙齿。由于缺乏硬骨，鲨鱼的身体化石很难保存，保留的主要是牙齿化石

图片来源：Pimiento et al., 2010/PLoS One/ CC BY

更关键的是，洋流的方向发生了改变。巴拿马陆桥的形成过程将太平洋与大西洋之间已经存在了2亿年的宽阔水道彻底封闭，大西洋的温暖洋流因此转而向北，让欧洲大陆变得温暖和湿润。而这一系列的洋流变化，很可能是后来冰期事件的重要诱因之一。大约从距今400万年开始，那里原有的海洋生物类群组成和相互关系开始发生翻天覆地的变化。一些鲸类可能因为环境的变化而死亡，甚至造成了物种灭绝，那些剩余的鲸类物种要么具有较强的运动能力而难于捕猎，要么大量转向极地等低温海域活动，这使倾向于在暖水生存的巨齿鲨遭遇了危机。与此同时，新的竞争者也在崛起，比如善于合作的虎鲸类在上新世出现，给巨齿鲨很大的生存压力。这一系列的变化，最终很可能导致距今260万年前时巨齿鲨灭绝了。和巨齿鲨灭绝相伴的，还有相关海域的物种和群落的大洗牌，不管是巨齿鲨还是海懒，都只是其中的一个缩影而已。

巴拿马陆桥带来的冲击绝不止于此，这座陆桥一旦形成，曾经彼此分隔的两块美洲大陆就形成了陆上通道，两块大陆上的物种对决，正式开始了。这一事件也被称为“ Great American Biotic Interchange (GABI)”，大概可以翻译成“美洲生物大交流”吧。

在“交流”之前，南美大陆上的动物还是比较有特色的。

今天仍然大名鼎鼎的负鼠类就起源自南美大陆，它们属于美洲有袋类（Ameridelphia）哺乳动物，以神乎其技的装死技能而闻名于世。还有一类看起来非常凶猛的食肉动物，袋犬类(Sparassodonta)，它们看起来似乎非常像来自北美洲的忍齿虎，但两者之间实际上亲缘关系很远，这应该是一种趋同演化。袋犬类被认为是有袋类哺乳动物的姐妹群。

雕齿兽复原图

图片来源：Daniel/Adobe Stock/图虫创意

甲龙复原图

图片来源：Mariana Ruiz Villarreal LadyofHats/Wikimedia Commons/Public Domain

犰狳和亲缘关系很近的雕齿兽也是当时南美的主流动物类群，它们属于有甲类（Cingulata）。犰狳类今天仍有一些物种生活在这个星球上，它们身上披着鳞甲，有点儿像穿山甲，但它们的亲缘关系很远。相反，它们和懒类及食蚁兽的关系更近，这又是一个趋同演化的例子。至于雕齿兽，则是完全灭绝的一类巨型哺乳动物。它们的体形庞大，体重可以达到一两吨，算上尾巴，大概要比我们的床还要长上一大截。它们看起来就是恐龙时代甲龙的哺乳动物版，毫不意外，它们尾巴的末端也具有一个极具杀伤力的骨锤，摆动的尾巴将给捕食者带来致命的杀伤力。

三带犰狳（*Tolypeutes tricinctus*）可以将自己缩成一团

图片来源：Eastman Arts/Adobe Stock/ 图虫创意

三带犰狳

图片来源：belizar/Adobe Stock/ 图虫创意

亚非大陆的穿山甲看起来很像犰狳，但实际上它们的亲缘关系很远，这是一种趋同演化

图片来源：Lukyslukys/dreamstime/ 图虫创意

接下来，我们说说懒类和食蚁兽吧，尤其是地懒，它们属于贫齿类哺乳动物，也被称为异关节类。如果你看过《冰河世纪》，一定会对那个叫希德（Sid）的角色印象深刻。它的原型是巨爪地懒，是曾经广泛分布于北美地区的食草动物，不过它们可没有动画中那么活跃。希德在巨爪地懒中算是体形较小的，它的近亲杰氏巨爪地懒（*Megalonyx jeffersonii*）体形可以达到2.5~3米，体重约数

百千克。如果地懒能存活到今天，大地懒（*Megatherium*）将是地球上最令人印象深刻的动物之一，它们的体重可以达到数吨，堪比一头非洲象。由于前足拥有巨大的钩爪，它们只能像食蚁兽那样侧着前脚行走，不过有足迹显示，大多数时候这种动物只用后腿行走，当它们站起来的时候足有6米高，相当于两层楼高。冰期结束时，所有地懒都灭绝了，但大地懒可能在南美洲的某些地方继续生存至数千年前。

正在过马路的大食蚁兽，你可以看到它锋利的前爪

图片来源：slowmotiongli/Adobe Stock/ 图虫创意

地懒复原图
图片来源：auntspray/
Adobe Stock/ 图虫创意

同样，这里少不了有蹄类食草动物，不过它们的名字可能你都比较陌生，有南蹄类（Notoungulata）、滑距骨类（Litopterna）、闪兽类（Astrapotheria）和焦兽类（Pyrotheria）等。这些有蹄类的数量和种类都很多，如南蹄类是最多样化的种群。它们的体形覆盖了从兔子大小到犀牛那么大的范围，有些看起来也确实相当像犀牛或河马，但还有一些完全无法和现生的动物类群类比。在南蹄类中，至少有四个类群演化出了不断生长的前臼齿和臼齿。滑距骨类是第二丰富的有蹄类，它们有点像羚羊、马或者骆驼，生态位应该也与之对应。闪兽类可能并没有坚持到巴拿马陆桥彻底形成的时候，它们是有比较长的鼻子的类群，看起来有点像貘，是中到大型动物，并且至少有一部分是半水生的。焦兽类则是很像象的类群。

鸟类比较有特色的是骇鸟类（Phorusrhacidae）。这些在地面上跑的大鸟是在恐龙灭绝之后崛起的，填补了南美大陆顶级捕食者的

红腿叫鹤

图片来源：ondrejprosicky/Adobe Stock/图虫创意

位置。骇鸟的体形在1 ～ 3米高，喙很宽阔，它们今天还健在的近亲是南美的叫鹤类，当然，后者的体形要小得多。

爬行动物则有西贝鳄类（Sebecidae）和角陆龟类（Meiolaniidae）等。西贝鳄类是现代鳄类的姐妹群，也是唯一度过了白垩纪晚期大灭绝事件的中真鳄类。目前认为西贝鳄类是完全陆生的鳄类，也是凶猛的陆地捕食者，跑得比你印象中的鳄类快得多也轻巧得多。角陆龟类在头部和尾部有坚硬的护甲和角状的头部，它们的化石发现于南美洲和澳大利亚，应该在两个大陆之间在有间接接触之前演化形成的，其防御策略几乎和雕齿兽如出一辙。

而此时北美洲则因为和欧亚非大陆有较多直接或间接的断断续续的联系，其动物类群和欧亚大陆的物种比较接近，从某种意义上来说，在更广大空间中锤炼出来的物种实力往往也更加强劲，如恐狼（*Aenocyon dirus*）、刃齿虎（*Smilodon*）等食肉动物相对于南美洲的食肉动物就很可能处于竞争优势。

巴拿马陆桥不是一下子形成的，两个大陆之间的物种碰撞同样如此。大约从900万年前，两个大陆之间出现了一系列岛屿开始，一些运动能力较强的物种，就已经开始在两个大陆之间进行

两条恐狼（左）和刃齿虎（右）在争夺哥伦比亚猛犸尸体的复原场景

图片来源：Robert Bruce Horsfall 绘，1913 年出版 /Public Domain

交流了。这个阶段被称为“美洲生物早期交流（ Early American Biotic Interchange, EABI)”。甚至在此之前，也存在一些零星交流。

大约在900万～ 850万年前，懒类就已经到达了北美，并很可能在此基础上演化出了巨爪地懒。而浣熊类动物 *Cyonasua* 则是已知的第一类从北美到南美定居的哺乳动物，时间为距今730万年。大约500万年前，它们演化出了 *Chapadmalania*，这是一类最大身长可以达到1.5米的很像熊的动物。仓鼠类大约在600万年前到达南美，并在那里辐射发展，成为后来美洲大陆多种鼠类的祖先。大约500万年前，可能发生了一次物种交流的事件，类似犰狳的*Plaina*和地懒类的舌懒兽（*Glossotherium*），包括骇鸟类的泰坦鸟（*Titanis*）出现在了北美。在陆桥彻底形成前的100万年间，更多的异关节类和水豚出现在了北美，而西貒（*Tayassuidae*）和驼类（*Camelidae*）也在南美有了记录。如果纵观南北美交流的这些物种的话，我们会发现由南美进入北美的动物体形要更大一些，而从北美来到南美的动物体形要较小一些。这不禁让人怀疑化石的记录是否完整，也许还有一些北美大型动物的化石未曾被发现，也让人怀疑北美大陆大型动物是在陆桥彻底形成后进入南美的说法是否确实是事实。但不管怎么说，陆桥一旦形成，真正的大规模的物种交流也就开始了。

南北互通

巴拿马陆桥一经彻底形成，动植物等物种有很大概率各自就朝着对方的家园前进了，这一过程在地质时间尺度上看，可能是非常迅速的。之后，可能还有数轮物种交流，这些物种交流受到当时气候的影响，尤其是在随后冰川期和间冰期的发生。

大约在距今260万～220万年前时，北美的马类（Equidae）、鼬类（Mustelidae）、狐类，也许还有早期的象类到达了南美，而美洲豪猪类（Erethizontidae）、有甲类及一些大型异关节类动物也从南美扩散到了北美。

大约在距今180万年的时候，又发生了一轮规模较大的物种交换，在这期间，熊类（Ursidae）、大大小小的猫科动物（Felidae）等食肉动物抵达南美，这其中就包括大名鼎鼎的忍齿虎。到达南美的食草动物有鹿类（Cervidae）、貘类（Tapiridae）和新演化形成的驼类物种。而看起来，食蚁兽类（Myrmecophagidae）是南美大陆唯一北上的哺乳动物类群。

忍齿虎（*Smilodon*），也被称为美洲剑齿虎，它们和剑齿虎（*Machairodus*）常常被混淆

图片来源：Daniel/Adobe Stock/ 图虫创意

而到了距今100万～80万年前的时候，负鼠类（Didelphidae）从南美到达了北美，即使是今天，仍有一种北美负鼠（*Didelphis virginiana*）生活于北美大陆。而与之对应的，是更多猫科动物、鹿类和野猪类物种到达了南美。

北美负鼠妈妈和背上的幼崽，唯一一种在北美生存的负鼠

图片来源：hkuchera/Adobe Stock/ 图虫创意

在距今1.25万年前的时候，更大规模的物种南下发生了，水獭、狼、美洲豹猫、南浣熊、兔类等很多哺乳动物来到了南美大陆。而在这一次冲击之后，在南美大陆上已经再难找到本土起源的大型哺乳动物了，当然，猴类是个例外。

生活在南美的猴类也被称为新域猴（Platyrrhini），在整个美洲大陆都不存在猩猩这样的类人猿，只有猴类。和欧亚非大陆的旧域猴不同，新域猴的两个鼻孔分得更开，尾巴也更加灵活 —— 它们的尾巴可以卷起来，甚至抓住树枝，而旧域猴却只能摆

在北美有分布的九带犰狳，它属于南美起源的动物类群

图片来源：SunnyS/Adobe Stock/ 图虫创意

今天，人们在巴拿马陆桥薄弱的地方开掘了巴拿马运河，它成为世界上最繁忙的航道之一。它再次将两个大陆隔开，但是窄窄的河道并不能阻碍两个大陆物种的交流，有足够多的证据显示，相当多的动物仍具有渡河能力

图片来源：valleyboi63/Adobe Stock/ 图虫创意

摆尾巴而已。分子生物学研究推断显示，新域猴与旧域猴的分开时间为距今4400万～4000万年前。这表明旧大陆的猴类可能通过某种方式到达了南美大陆，但具体的方式至今仍未有定论。有观点认为是通过一系列的岛屿，逐渐转跳、扩散到南美的，另一些观点则充分发挥想象力，认为它们是乘着倒伏的树木直接漂流到南美的，并且持此观点的学者通过一系列修正，努力地将差不多两个月的旅程缩短到了两周稍微多一点。2015年，马里亚诺·邦德（Mariano Bond）等报道了在秘鲁亚马孙地区发现的距今约3600万年前的灵长类化石，是距今为止南美最早的灵长类化石记录，它和在非洲发现的同时代灵长类化石是比较相似的，这也从时间上印证了分子生物学给出的时间推断。

来到南美大陆的猴类站稳了脚跟，并且自成一系，也没有被来自北美的哺乳动物冲垮，并且还向北稍有挺进。今天它们依然兴盛，分布地一直抵达中美洲的森林地带。这也使我们仍有机会和它们接触，甚至其中的一些对我们今天的科研事业帮助甚大，比如普通狨猴（*Callithrix jacchus*）。

完美基因组视角下的狨猴

普通狨猴生活在巴西东北部沿海的热带地区。成年的普通狨猴只有手掌大小，是世界上体形最小的灵长类之一。它们食性较杂，以昆虫、蜘蛛等无脊椎动物、一些小型脊椎动物、树木的渗出液等为食。树木的渗出液是一种特殊的食物来源，这一觅食现象又被称为“嚼口香糖（chewing gum）”。狨猴是相当受欢迎的实验室动物，它们寿命比较短，性成熟时间也较短，生育双胞胎的概率非常高，因此可以为实验室提供非常充足的样本资源。

狨猴与人类在解剖学、生理学和药物代谢方面具有许多共同特征，因此能开发出多种医学研究模型。这些模型可以应用到神经退

普通狨猴，背上背着幼崽
图片来源：jantima/Adobe Stock/ 图虫创意

行性疾病、生殖生物学、药物动力学及药物的毒性筛查、干细胞研究、自身免疫性疾病、感染性疾病等多方向的研究中。它们是研究人类大脑高级功能的关键实验动物，也是极佳的研究脑疾病机理和治疗方法的模型动物。

我们这边的课题组组织了一个小分队对普通狨猴进行了基因组研究，这项研究和前面提到的鸭嘴兽研究都属于一个更大的项目，即脊椎动物基因组计划（GVP），国捷在这个大项目中是委员会成员。前文中提到的周旸也参与了狨猴的这项研究，还有另一位博士生杨琛涛也是主力，后者还是个昆虫爱好者，也在业余时间为我们的蚂蚁项目采集样本。

2021年4月末，项目组以杨琛涛为第一作者，周旸为共同第一作者，国捷为通讯作者，在《自然》发表了这项成果。这项成果达成了两个目标，一是以更高的质量获得了普通狨猴的完美二倍体基因组，二是在一定程度上对狨猴的一些生物学特点进行了基因组层面的解读。

我们先来说说这个完美的二倍体基因组是如何获取的。

2021年是人类参考基因组草图序列公布20周年。在20年前，《自然》和《科学》发表了两篇重要论文，揭示了人类基因组几乎完整的序列，这也就是当年堪比人类登月计划的人类基因组计划。然而那只是个开始，随着技术的进步，学界对基因组要求的精度和完美度已经变得越来越高。而一直以来，我们面临着一个问题，那就是将基因组数据组装成染色体的时候，只能得到单倍体数据。举个例子，比如人有46条染色体，但测序后重新组装出来的染色体只有23条或24条，男性要多一个Y染色体。这是怎么回事呢？

你还记得我们前文提到的染色体是成对存在的吗？问题就出在这里。比如人的两条1号染色体，是同源染色体，它们彼此在序列上相似，基因也对应，只有细微的序列差异。尽管这些差异会使两条染色体拥有相当多不同的遗传信息，但组装染色体数据的程序并不能很好地识别出这些差异。其结果，会出现信息的丢失，两条染色体的信息会被随机地（或者是按照概率）丢弃一部分，然后混合拼凑出一条“嵌合”的1号染色体。也正因如此，22对常染色体变成了22条，性染色体也是差不多的结局。

这次的新方法则是将被测个体的父母也进行了测序，然后用父母的遗传序列来进行“校准”，把被测个体的遗传信息先拆成两组，然后再组装，这样的话，由于个体的每对染色体是分别来自父母的，先前的两条1号染色体的数据就可以分别被拆分出来，也就能够被分别组装了。此时，就能得到二倍体基因组的数据了。

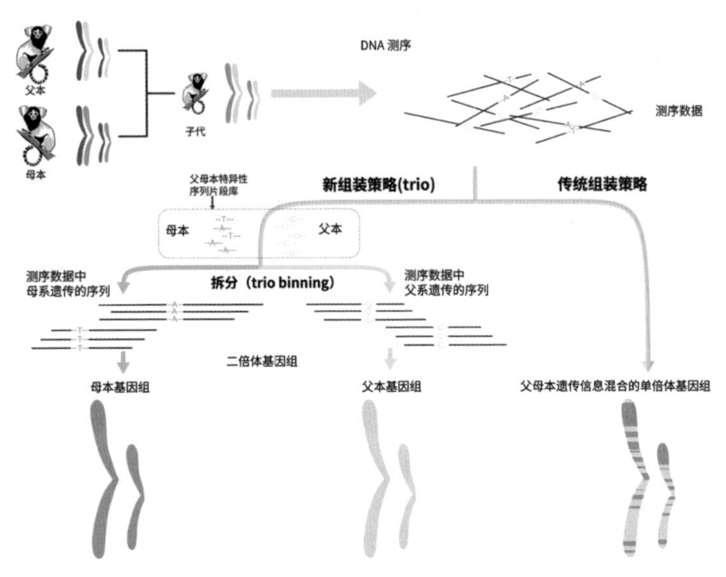

子代个体的两套染色体一套来自母亲，一套来自父亲。传统组装策略获得的是遗传信息混合的基因组，新策略则可以通过父母本特异的序列，得到遗传自父母本的两套完整的基因组数据

图片来源：杨琛涛，周旸　绘

按照国捷的话说，通过这个研究，我们对二倍体物种完美基因组序列提出了新的标准，即二倍体细胞中的两套基因组应分别独立组装到染色体水平并含有极少的测序漏洞。

也正是得益于这项研究，我们发现了一些关于分子演化的有趣现象。

由于同源染色体被成功组装，我们就可以鉴定它们在等位基因之间的全部类型的遗传变异，包括单核苷酸变异，插入/缺失和大的基因组结构变异。在整个基因组中，鉴定出了347万个单核苷酸变异和约23.2万个短插入/缺失（≤50 bp），27个倒位（inversion），34个易位（translocation）和24个复杂的变异（倒位+易位，inverted translocation）。通过计算两个单倍体基因

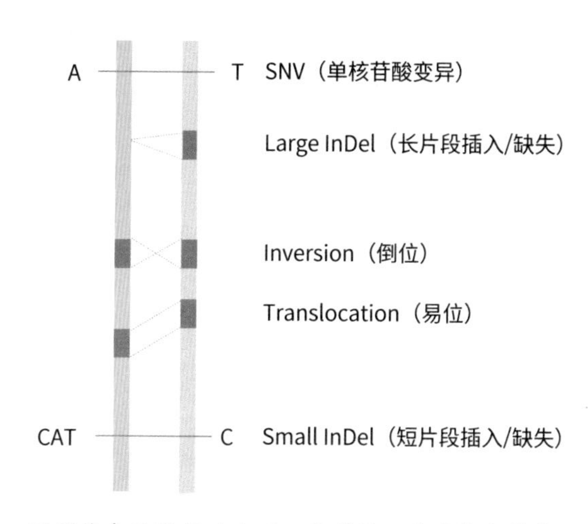

同源染色体进行对比可以找到的一些遗传变异类型图解

图片来源：杨琛涛，周旸　绘

组之间的所有类型的变异，估计测序个体的常染色体上的总体杂合率约为1.36%，这个总体差异，大概是传统数据衡量结果的10倍。最大的染色体结构变异是来自两条4号染色体的上一个304 KB的倒位。这些结果刷新了我们对于物种内同源染色体之间差异程度的认识。如果归纳一下这些看起来有点晦涩的说法的话，就是我们看到了两条同源染色体间各种各样的突变类型，至少对生物学家来讲，有新东西，是挺有意思的。

除此之外，结合狨猴家系的数据及实验验证，这个研究总共检测到9个种系突变位点，并依此计算出狨猴每代每个位点大约会累积0.43×10^8个突变。一个普通人也许可以看得懂的结论是，子代中来自父本染色体的突变是来自母本的两倍，或者说，看起来精子的突变速度会更快一点，这应该与精子、卵子产生的方式不同有关。至于产生方式有什么不同，这本书实在没篇幅讨论了，感兴趣的话，您可以找找相关资料，高中生物课本上也有。

按照惯例，另一个有意思之处还应该是Y染色体。相比X染色体，这种只在雄性间传递的染色体的演化是比较活跃的。这很可能是由于Y染色体无法进行重组而导致突变积累的原因。通过对比发现，人和普通狨猴的Y染色体间存在至少3个较大的结构差异。而相对于人来说，狨猴的Y染色体上一些对精子形成过程至关重要的基因（*HSFY1*、*VCY*和*USP9Y*）发生了丢失或假基因化，换句话说，就是失效了。这一现象可能与普通狨猴一夫一妻制的社会结构导致了雄性个体间精子的竞争降低有关——但为什么人没有类似的突变呢？我们进入一夫一妻婚配的历史恐怕比你想象的要年轻得多得多，也许只有几千年的时间。

而相比之下，狨猴的Y染色体上携带了人类不存在的两个基因*ARSHY*和*THOC2Y*。其中，*THOC2Y*是特异地从狨猴X染色体上的同源基因*THOC2X*复制变化而来，这个基因在其他类灵长动物的Y染色体上都不存在。考虑到这个基因在狨猴中是一个睾丸特异表达的基因，可以推测这个基因可能对雄性狨猴的生殖发育有着重要的作用。你瞧，它说不定又是一个新演化出来的性别决定基因呢。

牡丹与蜜蜂

图片来源：本书作者　摄

第六章 · 被吃者与吃者的盟约

吃种子的种子传播者

在秋日的阳光下，我静静地观察针毛收获蚁（*Messor aciculatus*）忙碌着它们的事业。这些黑色的蚂蚁有五六毫米长，它们爬上了狗尾草那毛茸茸的穗子，然后把头伸进去，一点一点把上面的种子摘下来，然后搬运到自己的巢穴里。这是它们未来的口粮。

正如其名，收获蚁收集植物的种子，然后储存在巢穴里。与多数蚂蚁将营养以汁水的形式储存在前胃不同，收获蚁真的是像童话里那样储存粮食的蚂蚁类群。当我尝试饲养这种蚂蚁的时候，我发现它们能够非常利索地将种子外面的皮剥掉，然后将剥下的

收获种子的针毛收获蚁
图片来源：本书作者 摄

垃圾堆在巢穴外面的垃圾场里。它们是如此精通于与种子有关的工作，甚至可以将变质的种子准确地挑出来，然后扔进垃圾堆里。

事实上，收获蚁还要面临种子萌发的问题——巢穴本身也是土壤的一部分，种子可以在储藏堆里萌发，并且茁壮地成长起来。在这种情况下，将种子搬运回巢穴的收获蚁，就当了一回播种者。

不仅如此，一些植物正在试图利用蚂蚁传播自己的种子。有超过3000种植物借助蚂蚁传播种子，这些植物的种子通常为蚂蚁准备了富含营养的小颗粒——营养体，以此来吸引蚂蚁捕食，而真正的种子部分则较为坚硬，以防蚂蚁将其咬破。营养体本身的气味和成分都很接近于蚂蚁的昆虫猎物，如在营养体上含有的脂肪酸成分非常类似于昆虫脂肪而非种子脂肪，这也是绝大多数营养体的主要成分，除此以外，不同植物的营养体还有氨基酸成分的差异。而植物所期待的，则是蚂蚁将种子能够带到远方，并在那里生根发芽。我的一位朋友，中科院昆明植物所的陈高老师就对此非常感兴趣，他在云南找到了多种利用蚂蚁传播种子的植物案例，还发表了很优秀的论文成果。

搬运云南百部种子的盘腹蚁，白色的部分是种子的营养体
图片来源：陈高　摄

植物对蚂蚁的利用可不止于此，比如分布在我国四川的高山鸟巢兰（*Neottia listeroides*）被发现会利用蚂蚁传粉。那里的细胸蚁和立毛蚁是高山鸟巢兰主要的访花昆虫。当蚂蚁进入花朵中后，会沿着花儿的蜜槽取食。偶尔蚂蚁会抬头，一旦抬头就有可能触碰到雄蕊，这时候花粉团将落在蚂蚁的头部等部位。接下来，雄蕊会下弯，遮住雌蕊的柱头。是时候送客了，于是，小蚂蚁顶着头上的花粉前往下一朵花，将花粉带到其他花朵的柱头上。

植物还可以做得更多，它们与蚂蚁结成了稳定的联盟。如在中美洲地区刺槐和锈色伪切叶蚁（*Pseudomyrmex ferruginea*）的共生就是相当著名的例子。这些蚂蚁被发现生活在5种刺槐的中空的刺中。这些刺槐也被称为相思树或者金合欢，它们分别是牛角金合欢（*Acacia cornigera*）、*Vachellia collinsii*、*Vachellia cornigera*、*Vachellia hindsii* 和 *Vachellia sphaerocephala*。刺槐的花蜜和叶子上长出的贝氏体（Beltian bodies）可以为蚂蚁提供食物。而蚂蚁们则成了辛勤的“园丁”，它们消灭掉刺槐周围的杂草，消灭或者驱除前来取食的昆虫，甚至包括贪婪的大型食草动物——伪切叶蚁的蜇针让人印象极为深刻，你一定不会希望尝试第二次。

通常，婚飞之后的繁殖蚁会找到尚未被占据的刺槐，然后寻找一根合适的刺，进入到刺内开始繁育自己的第一批后代。巢穴从不到20枚卵开始，最终在几年的时间内成为一个拥有多达数千只蚂蚁、拱卫整棵植物的大群体。当然，漫长的演化和生物多样性也使得事情总没有那么简单，一方面共生的蚂蚁并非一定是伪切叶蚁，另一方面还有一些生物成功地插入了这个共生体系。如安娜·莱丁（Anna E Ledin）等在巴拿马报道了两种蜘蛛——*Eustala oblonga* 和 *Eustala illicita* 利用刺槐的保护在那里活动，它们织网并捕获草食性昆虫（但也包括树上的蚂蚁卫士）。如果它们提前来到刺槐，蛛网对赶来安家的繁殖蚁会构成很大的威胁。总体上来看，这些蜘蛛得算这一合作关系的“不当得利者”。

牛角金合欢的叶子和特化的刺，叶尖黄色的小东西就是贝氏体

图片来源：Stan Shebs/Wikimedia Commons/CC BY-SA 3.0

这根牛角金合欢的刺上有一个锈色伪切叶蚁的巢口

图片来源：bladiavila/Adobe Stock/ 图虫创意

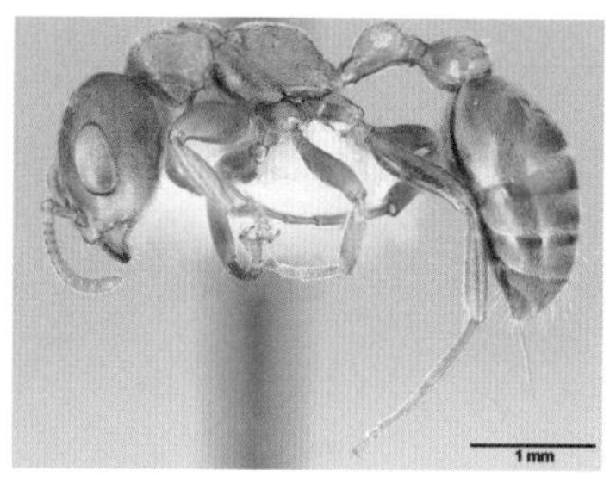

锈色伪切叶蚁工蚁标本侧面观

图片来源：April Nobile/AntWeb.org/CC BY-SA 3.0

牛角金合欢和在上面活动的锈色伪切叶蚁

图片来源 Ryan Somma/Wikimedia Commons/CC BY-SA 2.0

另一种刺槐和与之共生的某种举腹蚁

图片来源：alamy/ 图虫创意

无独有偶，阿兹特克蚁（*Azteca*）和蚁栖树（*Cecropia*）的案例也堪称经典。这些蚂蚁也被译为阿西得克蚁，其名称来自墨西哥的古印第安王国。与刺槐中空的刺不同，蚁栖树为蚂蚁准备了竹节一样中空的茎，并且通过茎为蚂蚁产生另一种富含蛋白质、脂肪和维生素的白色颗粒 —— 缪勒氏小体（Müllerian bodies）。蚁栖树除了利用蚂蚁对付竞争的植物和食草的昆虫，还要对付那里的另一群蚂蚁 —— 摘取叶子培养真菌的切叶蚁。这是一个非常长的故事，以至于这本书的体量不允许我展开叙述，只能点到为止。如果有兴趣，您可以找来我的另一本书《蚂蚁之美》来详细了解它们。在那本书里，有更多关于这类蚂蚁花园的故事，我还提到了更大规模的、被当地人称为“魔鬼的花园”的案例。

巴西境内的蚁栖树

图片来源：Helissa/Adobe Stock/ 图虫创意

阿兹特克蚁取食缪勒氏小体（图中白色的小颗粒）
图片来源：SilviaClarisa/Adobe Stock/ 图虫创意

一只正在做出威胁动作的阿兹特克蚁，它们既在树上活动，也在地面活动
图片来源：Andres/Adobe Stock/ 图虫创意

植物的枷锁与挣扎

和动物相比，植物无疑背负着沉重的枷锁，它们从生到死，都不能自主地决定自己的归宿。它们无法自由走动，甚至绝大多数植物都没有办法完成哪怕类似我们动动手指头这样简单的动作。扎根于地，固着于此，便是它们的宿命。在牢固的枷锁下，它们无法自由地结合，甚至它们的后代 —— 种子，最致命的敌人也往往是自己的家族。那些落在树荫下的种子，注定要在不幸中萌芽。这是一个古怪的世界，父母寸步难移，还要被迫使自己脚下的子女挨饿或窒息；同伴遥遥相望，暗生情愫，却咫尺天涯，接触不得 —— 空间，成了它们必须逾越的沟壑。在漫长的演化中，植物正在试图一点点挣开枷锁，为此，它们想尽了办法，与蚂蚁的合作，只是其中一个小小的缩影。

在前文中，我们已经提到，相比无性生殖，有性生殖具有巨大的优势，来自双亲的遗传物质重新组合，使子代具有了更强的变异性，并可能因此带来进化上的新的优势基因组合，从而带来新的适应性。但是空间限制无疑是阻碍植物有性生殖的鸿沟。

苔藓是较早登上陆地的植物类群之一，它们具有类似茎和叶的分化结构，却没有真正的根。它们的根只有固着作用，不能吸收水和养分。苔藓依靠水来完成有性生殖，倘若周围环境的水少，那就等待下雨。雨水将雄株的精子洗脱下来，精子随水的流动到达雌株的茎卵器中，与卵细胞相遇，完成受精过程。受精卵在母体发育，从母体吸收养分，发育为孢子体。孢子体的顶部会形成一个像小囊一样的结构，它被称为孢蒴。在孢蒴内蕴含着无数孢子，它们相当于植物的种子，但与种子还大不相同，只是一些生殖细胞。孢子们一旦成熟，孢蒴或打开或裂开，这些小小的生殖细胞就随风飘散。当遇到适宜的环境，孢子萌发，形成原丝体，原丝体进一步长出配子体，也就是我们常说的苔藓。可以想象，苔藓的有性生殖离不开水，需要苛刻的条件。也正是因为如此，它们并未完全放弃无性生殖，它们可以将自己的茎叶等分离，形成新的植株。

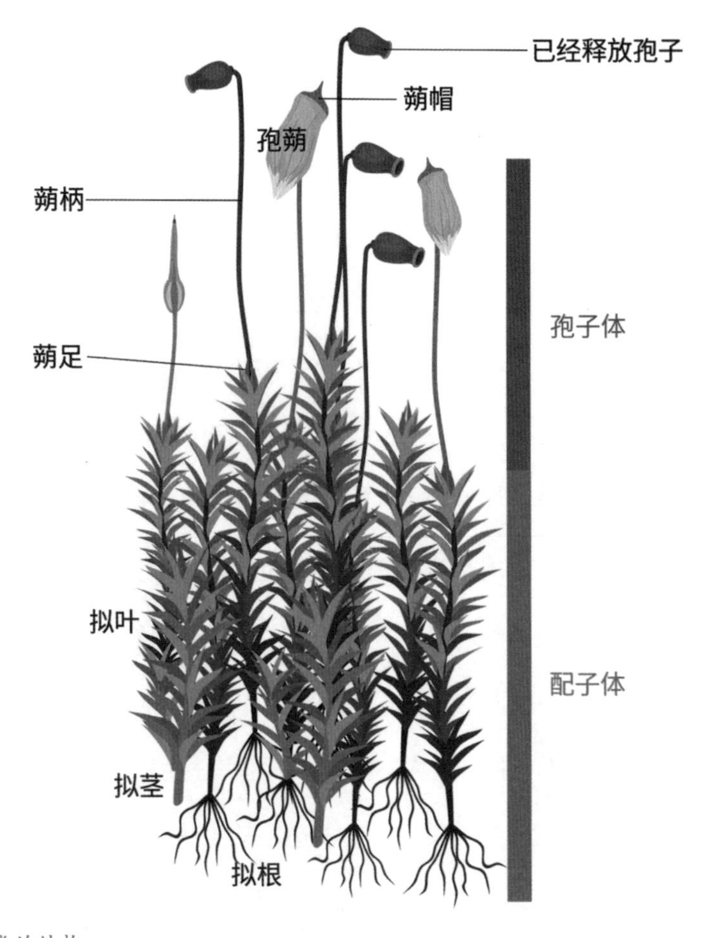

藓类的结构

图片来源：本书作者根据图库图片（mariaflaya/deposit_eps/ 图虫创意）进行标注

林间石上的藓类，可以看到孢子体顶部伸出的孢蒴
图片来源：本书作者 摄

蕨类植物夹果蕨
图片来源：本书作者 摄

之后出现的蕨类植物也在生殖方式上进行了大量的探索，但仍然没有取得突破性的进展，直到种子植物出现。种子植物中的第一个大类群是裸子植物，我们今天所见的松柏和杉树都属于裸子植物。到距今约2亿多年前的三叠纪时，兴盛的裸子植物已经取代蕨类成为地球的主宰，并进化出了球穗花。当然，球穗花既没有子房也没有花瓣，不能算作真正的花，并且它们选择借助自然的力量——风，来传播植物的精子，确切地说，是花粉。

水杉（*Metasequoia glyptostroboides*）是喜爱生长在水边的裸子植物
图片来源：本书作者　摄

海岸松（*Pinus pinaster*）的球穗花（左）和裂开的雌球果（右）
图片来源：sciencephotolibrary/ 图虫创意

风力能够将花粉带往前所未有的距离。来自远方的精子与远处同伴球穗花胚珠里的卵子结合，形成受精卵，然后整个胚珠发育形成种子，完成生殖大计。植物迈出了一大步。

但风媒也有不足，风时有时无且方向变化，大量的花粉中途迷失，如果同类植物非常分散，要完成授粉，必须浪费极大量的花粉。为此，裸子植物要拼命产生花粉，以至于在传粉季节，倘若你摇动一棵松树，便有可能看到从树上如面粉一样朝你倾泻而下的花粉。

其数量让人目瞪口呆。

这时候，一些甲虫看中了营养丰富的花粉。甲虫在早二叠纪就已经出现，是昆虫中出现较早的类群，今天，它们仍然以三十多万种的数量高居昆虫多样性的榜首，也是动物界中最庞大的类群。这些甲虫在取食花粉时身上沾满了花粉，当它从一株植物迁移到另一株植物上的时候，也将花粉带到了那里。以昆虫作为传粉媒介，比风媒更能在低密度地区和更广大的范围内进行传粉，为植物物种延续带来便利。

然而，植物为此承担了巨大的代价，这些甲虫不仅取食花粉，还吞食大量的胚珠，使种子无法形成。但植物还是抓住了这个难得的机会，不过要稍做调整。很可能为了保护胚珠，子房演化成功，被子植物或者叫有花植物登上了历史舞台。

其结果延续并巩固了传粉合作，植物拿到了有性繁殖挣脱空间限制的钥匙，为双方带来了长达上亿年的共同繁荣。

花与虫的互相选择

在数千万年的合作过程中，植物产生更多的花粉，长出了花冠，散发出了香味，向昆虫们示好。昆虫们也适时演化产生了专业的传粉昆虫，到了晚侏罗纪，除了蛾蝶外，几乎所有的传粉昆虫大类都已经出现。

然而，这却带来了问题。如果这些昆虫都已经出现，在那个时代，鲜花应该已经盛开。可是，我们却几乎没有在侏罗纪找到过可靠的化石记录。可以明确无误确认的最早的花化石，来自侏罗纪之后的下一个时代——白垩纪。这是一个让人尴尬的空白。

直到2018年末，中国科学院南京地质古生物研究所和南京师范大学等国内外学者联合发表的“南京花”恰巧就弥补了这个空白。这些花朵生活的年代距今至少有1.74亿年，也是最早的花化石，这一发现将被子植物的起源时间前推大约5000万年。而且，这次公布的标本量很大，超过了200个样本，它们都属于同一种花。我们几乎可以想象一大片花海了。这也足以说明，在侏罗纪的早期，这个星球的某些地方已经盛开了鲜花，即使是古老的早期恐龙，也是可以漫步在花的海洋中。这个画风将大大改变我们对侏罗纪时代景象的认识。

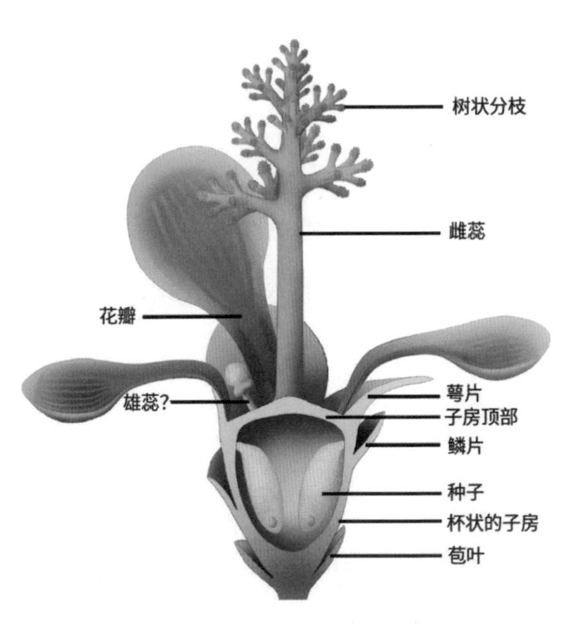

南京花结构复原

图片来源：本书作者根据南京花定名文献（Fu et al., 2018/eLife/CC BY 4.0）核定并标注

从化石上来看，每一朵古花的直径为10毫米左右，有四五片花瓣。乍看起来，它们还挺像现代花的，甚至有点像梅花，它们也具有相似的结构，如花瓣、子房、雌蕊，以及疑似雄蕊的结构。然

早春盛开的玉兰花，它属于木兰类，被认为拥有较早期的花，请注意花朵中露出的复杂雌蕊
图片来源：本书作者　摄

玉兰花丰富的雄蕊及巨大、复杂的雌蕊
图片来源：本书作者　摄

而，还是有一些细节上的不同，比如它那像小树杈一样突出的雌蕊柱头。这里是接受花粉的地方。柱头的分叉结构显示了它在极力增大接触花粉的面积，那也意味着它的受粉效率不及今天那些看起来很简洁的雌蕊。

其原因很可能是，昆虫给它们带来的花粉质量不够好。看看它那并不紧凑的花瓣，我们大概能从现生的较原始的花上猜到当时的状况：如木兰类，它的雌蕊和花瓣的数量很多，花瓣分离，花粉较多，对传粉昆虫的选择也不苛刻。于是，到访花儿的昆虫身上带满了各种植物的花粉，大部分花粉都不是花儿所需要的，而粘在柱头上的无用花粉占据了宝贵的授粉空间。所以，一个复杂雌蕊柱头对古花来讲可以增大受粉面积，也许是非常必要的。

至于这种古花，最终被命名为南京花（*Nanjinganthus*），“Nanjing”名字来自它的发现地——南京市栖霞区，“anthus”在拉丁语中是“花”的意思。

顺着这种古老的南京花，我们可以用已经拥有的信息，推测一下接下来的故事，希望它能够比较接近当年的真相。植物在花的颜色和形态上小心地踩着平衡木，艳丽颜色和突出的形态一方面能够吸引传粉昆虫来访；另一方面也会吸引捕食者的注意，增加生存风险。为了提高授粉效率，植物开始执行它的下一个计划——选择传粉昆虫的种类。

花瓣由分离变得愈合，甚至开始对花蜜报酬设置了获取条件，如一些管状的花冠，花蜜隐藏在底部，只有那些具有长喙的昆虫才能获得。在和昆虫的相互作用中，花冠的颜色也变得具有了选择性，它们把昆虫的性子摸得透透的。如蝶类偏好红色，而夜间活动的蛾子偏好白色，甲虫则通常不能区分颜色……特别是蜜蜂，虽然是色盲但却能感知紫外线，而白色、黄色和紫色的花能够反射紫外线。

花儿甚至还为昆虫采蜜亮起了指示灯，多种花蜜能够吸收紫外线，发出荧光，花蜜产生的荧光将为昆虫提供花蜜的存在和数量的信息，可以减少昆虫对已传粉花（花蜜已采）的访问，这种机制提高了昆虫的觅食效率，也提高了传粉效率。

对花儿来讲，传粉效率最高的模式，是进一步去和某一种昆虫结为联盟，并且彼此高度对应，让其只为它授粉。但植物又不得不面对一个困境，即它所生长之地未必会有它所期待的昆虫，而且一旦传粉昆虫数量波动，甚至灭绝，植物也将因此陷入无法繁殖的绝境。

一般来讲，多年生植物或者能够进行无性生殖的植物会倾向于这种专性的授粉模式，与之相反，一年生的短命植物则不会这样冒险。植物存在一种补偿模式来应对专性传粉昆虫丧失的打击，如延长寿命，甚至转为自交等。在实验过程中，传粉昆虫几乎完全忽略花形特殊的植物穗花薰衣草（*Lavandula latifolia*）花冠结构的改变，似乎这种花的特殊结构并非因当前传粉昆虫而塑造，不知在漫漫演化长河中，穗花薰衣草曾遇到过怎样命悬一线的事情……

而另一些植物则选择了和专性传粉昆虫共同生存，榕树就是其中之一。今天，世界上有超过700种榕树，每一种榕树专一地由一种榕小蜂传粉，榕小蜂也只在相应的榕树内生长繁殖，极少例外，

让孟德尔发现了重要遗传定律的豌豆就是严格的自花传粉植物，它们在开花之前就已经完成了授粉

图片来源：麦子Q/图虫创意

它们形成了一种互惠的共生体。在榕树的花序内存在三种花，分别是能产生花粉的雄花、能产生种子并且具有长柱头的雌花和专门为榕小蜂提供生存繁衍场所的短柱头雌花，也叫“瘿花”。榕树的雌花成熟早于雄花，榕小蜂携带花粉来到花序内，为雌花授粉，同时在花序中产卵，待后代成熟后，雌雄小蜂交配，雌蜂携带后熟的雄花粉飞出花序，寻找新的传粉和产卵的场所，完成传粉。

被子植物与昆虫产生了良性互动，前者为后者提供栖息地、食物和保护，后者则为前者传粉，虫媒传粉是被子植物得以迅速繁殖和扩张的重要依靠。也正是因为被子植物与昆虫之间的这种协同演化，尽管白垩纪早期和侏罗纪晚期的植被在分布和总体组成上还非常相似，但白垩纪晚期的植被类型已经发生了巨大的变化，主要标志是被子植物的辐射性适应，并且如薄果穗植物、本内苏铁、银杏和苏铁等一些典型的中生代植物发生了相应的衰退。一个新的植物纪元已经形成。

同时，被子植物的落叶形成了森林系统中新的生态层 —— 枯枝落叶层，这对土壤昆虫来说是极好的栖息地，具有社会性的蚂蚁、蜂类等也在白垩纪演化成功。大量土壤昆虫的出现，深刻改变了土壤环境和物质循环。同时，被子植物的出现也为中生代之后哺乳动物的大发展奠定了基础。而在这个时代，尽管哺乳动物依然弱小，鸟类却已然飞上了天空。

灵活却执着的策略

毫无疑问地，能够在空中飞行的鸟类也与植物结成了同盟。今天，有超过900种鸟类能够起到传粉作用，大约占到了鸟类总数的十分之一。其中，蜂鸟、太阳鸟和吸蜜鸟都是著名的传粉鸟类。

与北半球相比，南半球的传粉鸟类更加丰富，鸟与花之间的对应关系也更加稳定。比如，蜂鸟有尖而细长的喙，对应植物的花冠也并拢或合并成管状，其开口与蜂鸟的喙和头部吻合，以便只有蜂鸟才能吸食到花蜜，并且带上花粉。那么，到底是谁向谁靠拢，开始了这种合作？

通过对喙隐士蜂鸟的研究，有科学家倾向于认为蜂鸟的喙是先变尖的，因为雄性蜂鸟的嘴比雌性更尖锐，它们采取“空中击剑”的方法与其他雄性搏斗，以此驱除竞争者。所以很可能蜂鸟的尖嘴最初是用来战斗的。但是，这一观点也面临挑战：同样吸食花蜜的传粉鸟类，比如欧亚大陆的太阳鸟类和澳大利亚的吸蜜鸟同样也具有尖细的喙，说明这是吸食花蜜的鸟类的共同特征。也许说，花儿与传粉鸟类共同塑造彼此，才更加合适吧？

旧金山户外的安氏蜂鸟

图片来源：图虫创意

为此，花儿不仅形成了管状的花冠，它们着生的位置也变得更显眼，并且在鸟类活动的白天开放，花期也变得比较长。它们放弃了吸引昆虫的花香，选择最吸引鸟类注意的黄色或红色。为了防止被尖锐的喙误伤，它们选择了保护措施更好的下位子房。而传粉鸟类也做出了改变，它们的身材变得较小，除了具有细长的嘴巴以外，还学会了如蜜蜂一般在空中悬停的技能。

会飞的蝙蝠当然也可以成为花的盟友，特别是在高寒地区，

枝头的叉尾太阳鸟，这是一种在我国有分布的小型鸟类
图片来源：叶峥嵘　摄

那里缺乏昆虫，蝙蝠的作用就显得尤为重要了。不过，它们合作的时间只能改在夜晚，所以也不要指望这些花能有什么漂亮的颜色 —— 通常它们是比较淡的颜色，以便能够反射一些月光。不过，对于行动不太靠眼睛的蝙蝠，也不是特别有效，所以，有些植物根本没有在颜色上下功夫…… 这些花散发的气味与虫媒花相比显得怪异，多含有丁酸，这是一种可以吸引蝙蝠的气味。

但是这还不够。因为蝙蝠在空中飞舞主要依靠回声，所以植物必须想办法让自己的花在回声中就像明亮的灯塔一样显眼。古巴热带雨林中一种被称为蜜囊花（*Marcgravia evenia*）的藤本植物演化出了一种像勺子一样的特殊叶片为蝙蝠导航，而仙人掌科植物老乐柱（*Espostoa frutescens*）则会在花朵周围生出浓密的柔毛，以便吸收附近的声波，形成“回声盲区”，使花儿的反射更加突出。

至于花的形状，大致可以分成两类，一类是花药突出的冠状花，蝙蝠伸头进去吸食花蜜的时候会把花粉粘在头上，然后再把花粉带到另一朵花；另一类则是团状的花，蝙蝠为了抓住花球并且吸到花蜜，会把胸腹贴上去，并在那里粘上花粉。

为了传粉，植物做出了很大的让步，它们竭尽全力地与各种动物结盟，甚至忍受啃食之苦，但这也并不意味着它们抱残守缺，毫无变通和底线。必要的时候，它们也会调整策略。美洲的野生烟草通常在黄昏时开花，并且一直绽放到夜晚或第二天早晨。这种植物与每晚光顾其花朵的天蛾有着爱恨交加的关系。这种蛾子为植物授粉，但同时也会产下自己的卵——这些卵最终会孵化出饥饿无比的毛虫。但是如果蛾子得寸进尺，事情做绝，带来了太多的毛虫，是时候要给它们点颜色看看了：一些烟草个体开始产生毒素，并且将营养物质向根部转移，不再产生新的叶片，同时将开花的时间调整到白天，减少吸引蛾子的化学物质，调整花蜜的成分——它们向白天活动的传粉鸟类蜂鸟发出了邀请！

除此以外，必要的时候，花儿也做好了完全重新选择的准备。据统计，有80％的被子植物是虫媒植物，但是还有19％的被子植物原本是虫媒植物，只是因后来生存的环境特殊，如酷热的沙漠或者寒冷的地区，昆虫数量稀少，抑或是其他原因，它们放弃了已有的联盟，重新选择了风媒传粉。

在海面 200 米之下，我们所知甚少

第七章·尸体上的村子与深渊网络

暗色的无尽深渊

潮水退去，我看到了露出来的礁石。礁石上吸附着藤壶、贝类，在礁石间的浅浅的水洼中，有小丛的水草、小小的游鱼、缓慢移动的贝类，以及伪装成贝类正快速移动着的寄居蟹。在我的面前，是无尽的大海，那是生命初始孕育的地方。

海洋占到了地球表面积的绝大部分，平均深度约为3700米，最深处超过1万米。然而，适宜生命生存的仅有海洋最表面那薄薄的一小层，也就是最表层大约200米的水深。这一层，我们称之为光合作用带（Epipelagic Zone）。

大部分阳光都可以照射到光合作用带，海洋表层的浮游植物就在这里生存，这里也是海洋光合作用的主要区域。一般来讲每下潜10米就相当于增加一个大气压，强大的水压使人类在无防护的情况下不可能超越这个深度。我们在电视和电影中常见的海底景观就拍摄于这个水层。

大堡礁的海底。我们平时经常会从各种媒介中看到这种海底，这里其实只是浅海的海底景象

图片来源：Elizafitzsimons/dreamstime/图虫创意

如果继续向下，水深200米到1000米为中层带（Mesopelagic Zone），也叫暮色带（Twilight Zone）或者中水带（Midwater Zone）。此处光线已相当昏暗，基本见不到藻类等光合作用生物。从这一层开始，我们可以看到产生冷光的生物发出的闪烁光线，以及许多相貌奇特的鱼类。食物资源变得紧张，某些种类的鱼会在夜间游到上层水域捕食。更多的物种则是依靠接住从上层“掉”下来的食物或尸体生存，也会互相捕食。由于很多沉下来的食物往往比摄食者本身要大，很多鱼类发展出了巨口长牙，还有伸缩力超强的胃，只为接纳那些珍贵的食物。

水深1000到4000米称为深层带（Bathypelagic Zone），从这里开始大洋就完全坠入了黑暗，唯一的可见光来自发光生物。尽管水压巨大，部分动物仍在此生存，主要有鱼类、软体动物、水母和虾蟹。它们完全靠上层掉落的食物生存，抹香鲸也可以潜到这个深度来捕食巨型乌贼。这里和更深处的动物主要为黑色或红色，因为这里只有幽幽的蓝光（或绿光），发光生物也主要发出蓝光，红色的体色不会反射这些光，因此看起来也是黑色的，利于隐蔽。

水深4000到6000米即为深渊带（Abyssopelagic Zone），这个深

度包括了全球83％的海底，这里黑暗且寒冷，水温接近0℃，在可怕的压力下，很少有生物存在，存在的生物多数是无脊椎动物，主要有乌贼、虾蟹、海星和一些水母。6000米以下的海域并不多，被称为超深渊带（Hadalpelagic Zone），一般只有海沟或海底峡谷才有这样的深度，尽管环境已经是超乎想象的恶劣，依然有少数生物生存。

长久以来，人类很少潜入到中层带以下，即使核潜艇也无法下潜至深层带；目前还只有少数国家可以制造深潜器一窥海底奇观。有人曾说我们对于月球表面的了解都要超过对海底的了解，此话不虚。

在深海恶劣的环境下，会遇到各种各样的困难，但是，生物仍然没有放弃这里，在这里生活的动物们演化出了各种适应性特征。

比如幽灵蛸（*Vampyroteuthis infernalis*），它们的生活深度为水下600 ~ 900米，是一种与众不同的章鱼。幽灵蛸的头上有两个肉质的“小翅膀”，触手之间有膜相连，在深海中看起来就像黑夜里出现的幽灵一样，因此得名。不过这个幽灵有点小，最长的只有30厘米。和其他章鱼不同，幽灵蛸的触手上长满了坚硬的刺，当遇到敌

面蛸（*Opisthoteuthis agassizii*）是一种深海章鱼，该个体的拍摄深度为928～973米

图片来源：NOAA Ocean Exploration & Research/CC BY-SA 2.0

害的时候它会用触手包住头，形成一个刺球，让敌人无法下口。类似刺猬或者针鼹，这又是一个趋同演化的案例。

乌贼家族在深海也有多个物种，有些体形巨大，可以潜至2000米以下，比较著名的有大王酸浆鱿（*Mesonychoteuthis hamiltoni*）和大王乌贼（*Architeuthis dux*）。它们是深海中孤独的猎手，以鱼类和其他乌贼为食，许多人会把它们弄混。这两种乌贼相比较，大王乌贼的触手更长一些，最大的大王乌贼有可能达到20米长，2013年的研究表明大王乌贼为全球性分布的单一物种；大王酸浆鱿虽然触手较短，但更重一些，而且它吸盘里的钩爪也更为锋利。虽然巨型乌贼身体够长，但是体重却有限，一般在一吨以内，不过它们拥有世界上已知的最大的眼睛——如篮球那么大。这样巨大的眼睛可以帮助它们在极黑暗的环境中发现猎物或者敌人。不过深海环境冰冷，加之又是冷血动物，这些乌贼的活动可能比较迟钝，但这并不妨碍给猎食它们的抹香鲸留下锋利的抓痕。

大王乌贼生活场景复原图

图片来源：photoshot/ 图虫创意

再比如鱼类中的鮟鱇类，大多活跃在深海，它们的头顶有一个勺

深海鮟鱇类生活场景复原图

图片来源：Konstantin Gerasimov/Adobe Stock/ 图虫创意

状的发光器，并通过共生的发光细菌发出萤火虫一般蓝绿色的光，可以伪装成诱饵吸引猎物上钩。深海鮟鱇类有一张巨嘴和极有弹性的大胃，能一口吃下为自己体形两倍的食物。因为深海“地广人稀”，找到异性也非常不容易，深海鮟鱇类有一种独特的生殖方式。雄性深海鮟鱇类的体形极小，只有小指头大小，一旦遇到雌鱼，它就用牙齿紧紧咬住雌鱼，终生吸附在雌鱼身体上。雌雄鱼的血管合二为一，雄鱼的消化系统随之退化，依靠雌鱼提供的营养生存。这样，深海鮟鱇类可在任何合适的时间为卵受精，而不用担心雌鱼到了排卵期却找不到后代的父亲。

当掉下一头鲸

深海的生存资源是如此的匮乏，为了能够接住从表层掉落的食物，深海鱼类的嘴巴和胃已经进行了极致演化，但倘若掉落的食物是一整条鲸呢？死亡鲸类那8~160吨重的尸体是一个巨大的营养宝藏，它们最终会沉落大洋的底部，这就是鲸落（whale fall）。

无数深海生物会循着气味而来，聚集在尸体的周围。在那里，鲸尸将逐渐被消耗，最终可能要历时数十年甚至更长的时间。

一头南极小须鲸（*Balaenoptera bonaerensis*）残骸和周围活动的动物

图片来源：Sumida et al., 2016/Scientific Reports/CC BY 4.0

先前的研究大致将鲸尸的分解分成了四个阶段，第一阶段是移动清道夫阶段（mobile scavenger stage），第二阶段是机会主义者富集阶段（enrichment opportunist stage），第三阶段是化能自养阶段（sulfophilic or chemoautotrophic stage），第四个阶段则是礁岩阶段（reef stage）。倘若这样干巴巴地说，大概没什么意思。不如我们来看一下史密斯（Craig R. Smith）等人在东北太平洋对水深1675米处的一头30吨的灰鲸尸体长达7年的追踪观测。

在这项观测中，完美地体现了前三个阶段。首先到来的是运动能力很强的“机动食腐动物”，如黑粘盲鳗（*Eptatretus deani*）、睡鲨（*Somniosis pacifica*）和一些片脚类等，它们蜂拥而至，取食鲸的软组织，这一过程长达1.5年。

之后，则会有一些运动能力很差的“机会主义者”发现这里并定居下来，如一些贝类、管虫。

大约在4.5年后，这具鲸骨上已经覆盖了一层白色的菌席，里面含有丰富的硫氧化细菌，后者能够将尸骸中散逸出来的硫化氢氧化，以获得制造有机物的化学能。硫氧化细菌的这一技能在碳源充足却缺乏蛋白质的环境中格外重要，这些硫氧化细菌同样在鲸落获得了可靠的合作伙伴 —— 一些食骨动物和它们共生，为它们收集硫化氢和氧气，同时也分享它们产生的营养。

之后的故事这篇论文便没有讲述了，因为第三个阶段可能会持续很久，有可能是数十年。我们可以想象，当硫等化学物质也被利用殆尽时，鲸落只剩矿物质残骸，那时，它将与礁岩再无区别。

据估计，全球此刻大约有85万个鲸落正处于不同的阶段。尽管它们的数量很丰富，但真正得到研究的却没有几个。即使如此，我们也还是能看到不少有意思的东西，而且也不断有新物种被发现。

比如艾德里安· 格洛弗（Adrian G. Glover）等人2013年在南极海域发现的两个食骨管虫新物种 —— 南极食骨管虫（*Osedax antarcticus*）和欺骗岛食骨管虫（*Osedax deceptionensis*）。食骨管虫向外伸出触须结构，它们没有口、胃、肛门等消化道结构，“根”植鲸骨内，在其基部与硫氧化细菌共生。而且，你通常看到的都是雌性个体，它们的雄性非常小，吸附在雌性的身体上，大概需要用放大镜甚至显微镜才可以找到。按照目前的认知，除了硫氧化细菌，食骨管虫的主要食物来源可能还有基部从骨骼中所吸收的残存营养，并且有研究怀疑它们还能获取鲸落以外的营养。

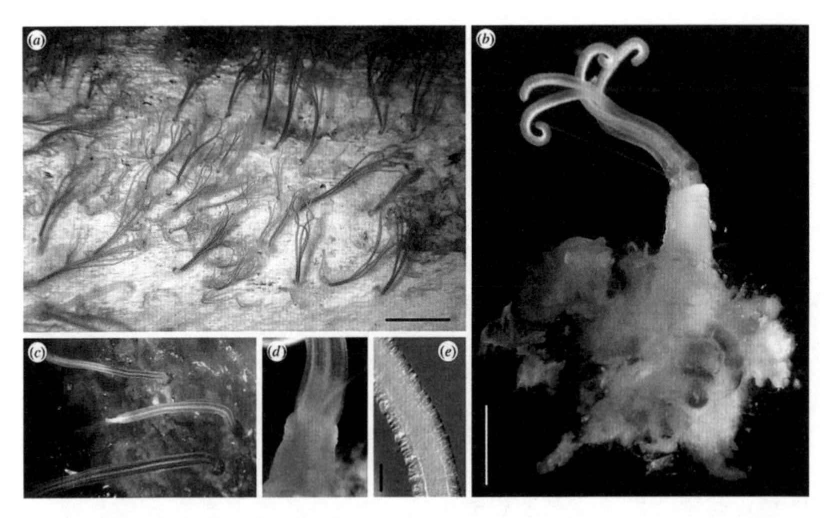

南极食骨管虫。a. 南极食骨管虫着生在骨骼上，比例尺为 1 厘米；b. 南极食骨管虫雌性个体，比例尺为 2 毫米；c. 触须；d. 柱环（collar）；e. 触须显微图，比例尺为 250 微米

图片来源：Glover et al., 2013/Proceedings of the Royal Society B/CC BY 3.0

事实上，从鲸落上去寻找新种并不难，比如保罗·苏密达（PauloY. G. Sumida）等在2016年发表的论文中列出了很多新种。他们同样也找到了食骨管虫的新物种，还有新的海螺、海女虫类、沙蚕类等。

但是，另一些科学家则想得更远，通过食骨管虫等鲸落特有动物类群的全球性分布，他们推测深海中的鲸落很可能形成了星罗棋布的生态岛，甚至会存在一些密集的鲸落走廊 —— 毕竟有些地方

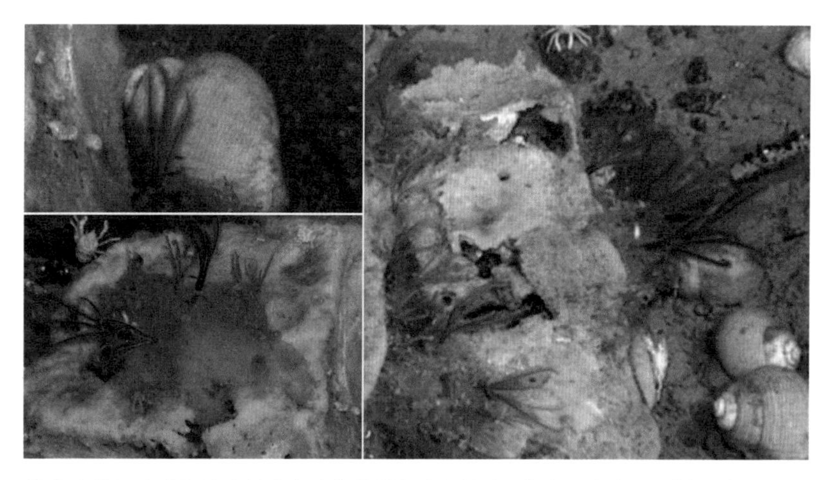

苏密达等报道的定植在鲸骨上的食骨管虫的新物种，旁边那些海螺同样也是新物种

图片来源：本书作者根据苏密达等的图片（Sumida et al., 2016/Scientific Reports/CC BY 4.0）整理

鲸落中常出现的一部分动物类群，它们大多数还没有正式的中文译名，当然，在学术交流的时候，其实只要有拉丁文学名就足够了，比例尺为 10 毫米

图片来源：本书作者根据苏密达等的图片（Sumida et al., 2016/Scientific Reports/CC BY 4.0）整理

是鲸类经常行动的路线，那里可能积累了更多的尸体。这些距离不太远的生态岛成为一个个网络节点，确保了鲸落生物群可以在大洋深处传播。

除此以外，鲸落的历史可能已经相当久远，甚至可能追溯到鲸类出现之前。远古的巨型海洋生物，如中生代的鱼龙、沧龙等海洋爬行动物的尸体也许同样曾支撑起了这样的群落，只是当代变成了鲸落而已。今天，一些研究者也把目光投向了鲸鲨、蝠鲼等大型海洋鱼类的尸体，已有一些发现，如移动清道夫鱼类的出现，并至少已经确认硫氧化细菌形成的菌席。因此这些大型海洋鱼类的尸体也有可能是这个海底生态网络的参与节点。若是如此，深海生态的复杂程度，将超过我们之前的想象。

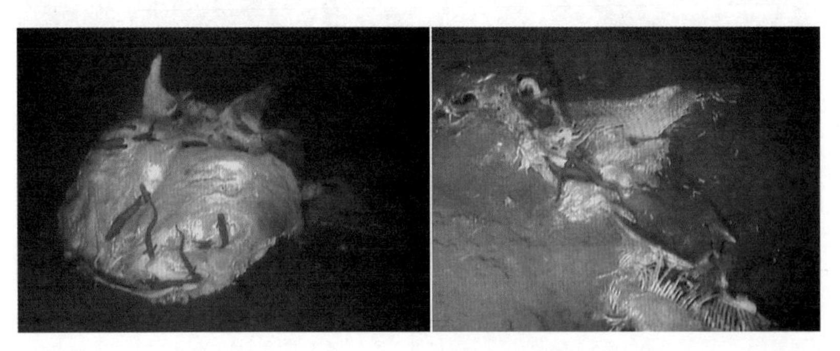

鲸鲨（左）和蝠鲼（右）沉在海底的尸体，前来取食的鱼类可能是绵鳚类（Zoarcidae）

图片来源：本书作者根据黑格斯等的图片（Higgs et al., 2014/PLoS One/CC BY 4.0）整理

“黑烟囱”与深部生物圈

事实上，大洋底部的生态网络节点，并不只有沉落的大型动物尸体，另一类“海底大沙漠”中的生态“绿洲”也许也能在一定程度上接入这个网络。1977年，“阿尔文号”深潜器在水深2500米的东太平洋加拉帕戈斯裂谷考察时，发现了数十个喷着黑色液体的丘状体，这些液体温度高达350℃！在水中看起来如同一个个冒着黑烟的烟囱，因此被称为海底的“黑烟囱”。其实这是因为这里的地壳活动非常活跃，海水渗入地壳中后被加热，然后携带着各种矿物质被喷发出来造成的。这些热液很快和周围冰冷刺骨的海水混合，冷却沉淀出黄铜矿、磁黄铁矿、闪锌矿等硫化物。

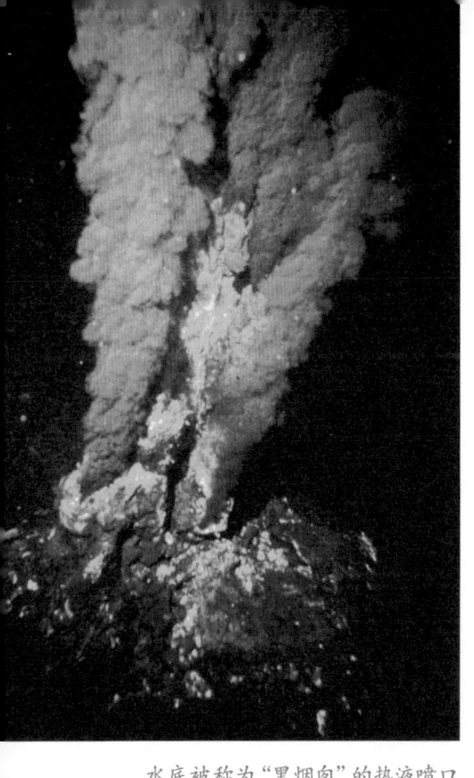
水底被称为“黑烟囱”的热液喷口
图片来源：universal/ 图虫创意

经过近几十年的研究，目前共确认“黑烟囱”分布区域140多个，主要分布在大洋板块交接处，也就是大洋中脊。另外，在陆地深水湖泊也偶有发现。这些发现对研究成矿过程具有重要意义，不仅如此，在热液喷口周围还发现了很多从未见过的动物群。

除了“黑烟囱”，因为喷出的成分不同，还有一些可以称为“白烟囱”
图片来源：universal/ 图虫创意

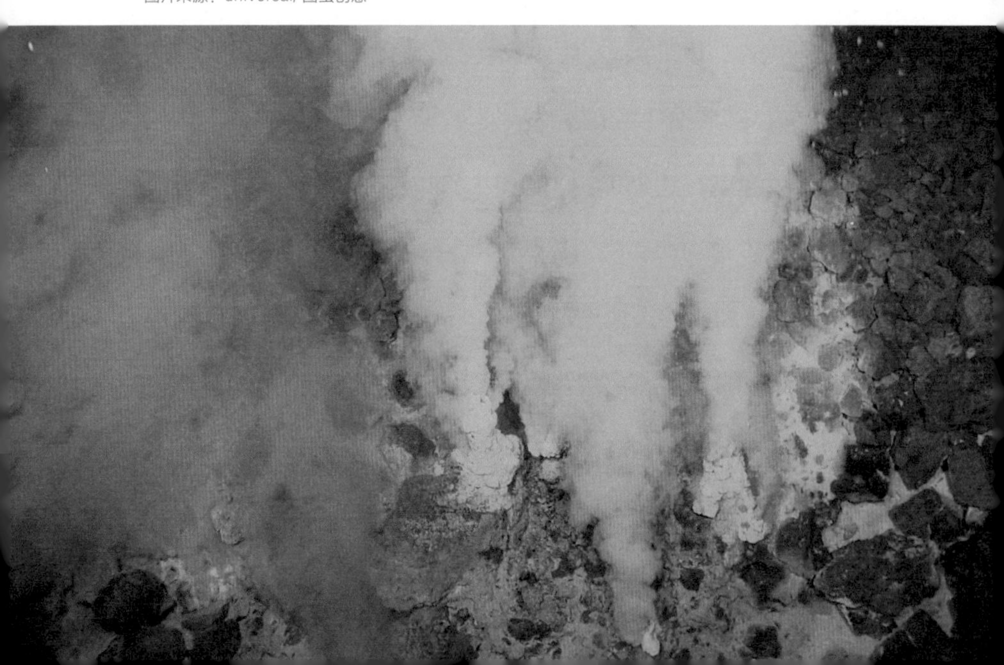

热液喷口附近的巨管虫，图中还可以看到一些海葵

图片来源：NOAA Okeanos Explorer Program, Galapagos Rift Expedition 2011/NOAA Photo Library/flickr/CC BY 2.0

在这暗无天日、缺乏有机物来源的喷口周围却密集生活着动物群落。“烟囱”喷口周围新发现的生物已经超过500种。喷出的热液温度高达350℃，与周围冷的海水混合后，形成一个温度为350~0℃的温度渐变梯度带。生物依据水温变化围绕喷口分布。喷口附近水温稍低的区域（60~110℃）分布着多种古细菌和嗜热细菌，它们贴附在沉积物表面，形成薄薄的层状微生物席，个别微生物在121℃的高温下仍能正常代谢；再向外，生物种类变得繁多，代表性动物是巨管虫（*Riftia pachyptila*），其他还有贝类、蟹类、虾类、鱼等多种动物。这里构成了热液喷口系统。

在这个系统里，没有植物，只有动物和微生物，它们完全依靠

喷口生活。但是，在这里有替代植物的东西存在，就是刚刚提到的巨管虫，它们是食骨管虫的近亲，但只生活在热液系统中。超过两米高的巨管虫吸附在海底，它们体表分泌出白色的坚硬外壳，形成一个个“树丛”。很多虾蟹就像“森林”里的昆虫一样，以取食巨管虫为生。就如食骨管虫一般，这些巨管虫的成体没有口腔、胃、肠道和肛门，依靠体内共生的硫氧化细菌生存。这些细菌能利用“烟囱”里冒出来的硫化氢等化学物质去还原二氧化碳而制造有机物。巨管虫的“头部”有红色羽毛状结构，里面包含大量的血管，能够吸收海水中的化学物质并运输给细菌。巨管虫会把卵释放到海水中，一旦卵孵化以后，就会游到岩石上，这时它有一张原始的口，可以将水底的细菌吃下去，随后口就会退化，将细菌困在里面。

尽管巨管虫起到了与森林中植被相似的作用，但它们并非这个生态系统的最底层。那些包括硫氧化细菌在内的自养细菌或古细菌才是。它们虽然肉眼不可见，却不停地将热液携带出来的矿物质转变为生命系统所必需的有机物，它们的产物构成了整个生态系统

◀ “黑烟囱”和它周围的巨管虫群体

图片来源：University of Washington; NOAA/OAR/OER/NOAA Photo Library/flickr/CC BY 2.0

马里亚纳弧一处热液喷口附近，图中可以看到虾类、铠甲虾类（白色）和帽贝类

图片来源：Pacific Ring of Fire 2004 Expedition. NOAA Office of Ocean Exploration; Dr. Bob Embley, NOAA PMEL, Chief Scientist/NOAA Photo Library/flickr/CC BY 2.0

热液附近活动的蟹类

图片来源 Image courtesy of Submarine Ring of Fire 2006 Exploration, NOAA Vents Program/NOAA Photo Library/flickr/CC BY 2.0

的物质基础。这里的所有其他生物，或与它们存在捕食关系，或与它们存在共生关系，才能生存下去。这与地球表层生物圈以光合作用所产生的有机物作为物质基础完全不同。

当然，在这样的前提下，生命演化仍然会构建复杂而有趣的关系，比如说普氏雪人蟹（*Kiwa puravida*）。它是第二种被发现的雪人蟹，第一种是2005年发现的毛雪人蟹（*Kiwa hirsuta*），当时只捞到了一个个体。雪人蟹最大的特点在于全身尤其是前爪（螯肢）上长满了浓密的毛，尤其是毛雪人蟹更甚，它们也因此而得名。这也使人思考它们螯肢上的长毛有什么演化意义。

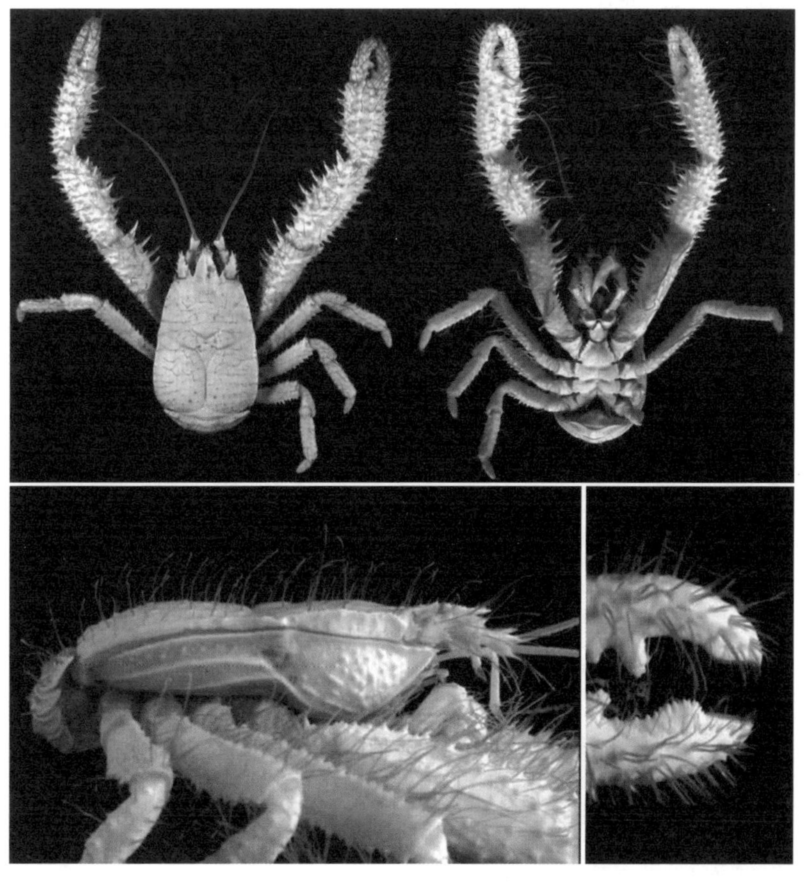

普氏雪人蟹标本电子显微镜扫描照，左下为侧面局部，右下为螯肢的指部，请注意局部和细节图上浓密的毛

图片来源：本书作者根据瑟伯等的图片（Thurber et al., 2011/PLoS One/CC BY）整理

最终安德鲁· 瑟伯（Andrew R. Thurber）等人揭开了答案，他们发表了以《为食物而在深海舞动》（*Dancing for Food in the Deep Sea*）为标题的论文，这篇论文不仅描述了普氏雪人蟹这个新物种，也介绍了它们在海水中舞动螯肢的特殊行为。原来，它们是将细菌养在毛绒绒的螯肢上，缓慢摆动螯肢是为了更新水流以便于细菌生长。尽管此前已经发现深海虾和其他动物身体上会生长细菌，但这是首次掌握深海动物培育细菌的直接证据。看来，雪人蟹其实

自然状态下的雪人蟹

图片来源：本书作者根据瑟伯等的图片（Thurber et al., 2011/PLoS One/CC BY）整理

还可以叫作农民蟹啊。

以热液生物群的话题为起点，我们可以更进一步思考一下“深部生物圈”的说法。这个观点认为地球上存在两个大规模的生物圈，一个是我们所熟知的由光合作用维持的地表生物圈；另一个是深部生物圈，像热液生物群一样，由来自地球内部的化学能来维持。近年来科学界对深部生物圈的研究兴趣渐浓，也在不断取得进展，通过钻探岩心发现在很深的地下依然存在利用化学能的微生物，只不过它们的密度要远远小于地表的生物圈。甚至现在有观点提出，地球生命的起源是在岩石的裂隙中，从深部生物圈开始。

北京南海子麋鹿苑的近现代灭绝动物物种纪念碑

图片来源：本书作者　摄

第八章·反复出现的大灭绝

五次大灭绝

某一年，我参加活动，主持人是朋友张劲硕老师。劲硕老师彼时是国家动物博物馆的科普总监，现在已是副馆长，他在央视一套还有一个很棒的节目《正大综艺·动物来啦》，我也曾在那个节目中客串。在这场活动中，我遇到了另一位朋友，中国科学院生物物理研究所的叶盛老师。叶老师曾经翻译过一本很有名的作品，上海译文出版社出版的《大灭绝时代》，讲的是我们这个时代所面临的严重的生物多样性衰退事件。出版社的责任编辑送了我一本，后来我请叶老师帮我签了名，是本很不错的书。这本书的英文原名是“*The Sixth Distinction*”，翻译过来，就是“第六次大灭绝”。也就是说，在寒武纪生命大爆发以后到我们这个时代之前，在地球上一共发生了五次著名的生物大灭绝事件。

本书前文已经提到了其中的几次大灭绝事件，比如打断了哺乳动物崛起的二叠纪-三叠纪灭绝事件和三叠纪-侏罗纪灭绝事件，还有导致了非鸟恐龙灭绝的白垩纪-古近纪灭绝事件。我们在鱼类演化的章节中也已经提过了大约4.5亿~4.4亿年前发生的奥陶纪-志留纪灭绝事件，那件事对应的，正是著名的安第-撒哈拉冰期。此外，还有发生在大约3.75亿~3.6亿年前的泥盆纪后期灭绝事件等。

当然，在这五次大灭绝中，最为人所知的还是白垩纪那一次，也是最近的一次，距今只有大约6600万年。而且，这次还比较特殊，很可能是由小行星撞击地球造成的。

早在20世纪七八十年代，地质学家就注意到了，在中生代的白垩纪和新生代的古近纪交汇的地层，存在着铱元素含量的异常升高，而通常，地壳中的铱元素含量是很低的。就是这薄薄的一层富含铱元素的黏土，将整个地质史割裂开来，黏土层之下是古老的恐龙时代，而黏土层之上，则是哺乳动物时代的兴起。

这些铱元素，被认为是由其他天体带来的。科学家估计，一个直径10 ~ 15千米的小行星或者彗星核在恐龙时代的最后时刻轰击在地球表面。作为证据，科学家在墨西哥的尤卡坦半岛找到了直径有可能超过180千米的希克苏鲁伯陨石坑，这个陨石坑已经被地质活动所部分隐藏，但是科学家努力复原了它，并且估计出了它的形成年代 —— 大约6600万年前，与非鸟恐龙灭绝的时代相吻合。

小行星撞击地球的场景复原

图片来源：James Thew/Adobe Stock/图虫创意

小行星撞击地球引起森林大火

图片来源：sciencephotolibrary/图虫创意

根据这个陨石坑，当年撞击的威力被估算出来，撞击体的直径为11 ~ 81千米，与之前的估计基本吻合，它以大约20千米/秒的速度、小于60度角的方向命中地球，其释放的能量相当于第二次世界大战期间人类所使用的所有爆炸物（含两枚原子弹）总和的1000万倍，撞击中心产生了强烈的地震和海啸，并诱发了剧烈的地质活动。根据模拟显示，撞击可能产生了高达1.5千米的海浪，足以抵达全球所有的海岸。此时中心风速超过1000千米/时，已接近音速，同样对周边产生了剧烈的破坏。扬起的尘埃逐渐包裹整个地球，并且持续几年甚至十几年的时间，浑浊的空气遮挡了阳光，对植物的光合作用造成了致命的打击，从而将食物链切断。同时，释放的酸性气体与水汽、灰尘等混合，产生了酸雨，进一步造成了破坏。

与陆地上的生物一样，海洋生物也遭受到了巨大的损失，75％的海洋生物物种灭绝了。在这次灭绝事件中，海洋中的大型爬行类动物，如蛇颈龙类、沧龙类等，完全灭绝了。海洋鱼类也遭受了重大损失，硬骨鱼类损失了不少物种，软骨鱼类的损失则更大，特别是鲼、魟、鳐等。在头足类动物中，菊石完全灭绝，鹦鹉螺类和古蛸类则幸存了下来，后者是现代章鱼、乌贼等的祖先。棘皮动物和双壳贝类显著减少，珊瑚则遭受了致命打击，60％以上的珊瑚类群灭绝，浅海类群的灭绝率则高达98％以上。总体上来说，浅海和表层水物种受到的影响最大，深海物种受到的影响相对较小。

关于这次海洋生物的灭绝事件，长期以来，人们倾向于将其归结为浮游植物等海洋初级生产力的减弱，从而导致了食物链的崩溃，而且据信，它们后来的恢复速度也很慢。其主要原因是大气中粉尘的遮蔽，这会大大削弱用于光合作用的光照量。而且海洋中的藻类等光合作用生物的寿命很短，也没有足够的营养储备，它们有可能在短时间内大量死亡，在海洋食物链的最底层造成食物的巨大缺口，进而使得以它们为基础的各级取食者陷入饥饿，从而导致大灭绝发生。

但近年来，另有一些研究则提出了其他观点，并认为当时海洋生产力的减弱并不是非常剧烈，不足以解释规模如此巨大的灭绝事件。这一结论是基于对海洋底栖有孔虫等的研究得出的，有孔虫是一些在海洋中非常常见的古老单细胞生物，它们像变形虫一样能够伸出伪足，不同的是它们还有一层硬质的外壳保护，为了能够将伪足伸出，这些外壳上具有孔，因此而得名。这一研究认为，尽管海洋初级生产力的削弱是造成灭绝的重要原因之一，但不是主要原因，主要原因应该归结于海洋在短期内的迅速酸化。

人们通常认为这次天体冲撞所释放出的二氧化碳是造成海洋酸化的重要原因，但是新近的研究则倾向于不把它作为重要的原因，而是提出了在冲撞时空气中的氮气被大量转化成氮氧化物，后者能够形成硝酸，其酸性要强得多，后续引起的硫氧化物释放也可以形成硫酸。这些较强的酸性物质可以造成海洋表层的迅速酸化，当然，不用太酸，只要能溶解掉钙质就可以了。

事实上，今天全球变暖大环境下所造成的大气二氧化碳含量的升高，也已经造成了海洋 pH 值的下降，并已经显现出一些效果，但白垩纪末期的变化可能要剧烈得多 —— 在浅海，失去了钙质外壳的珊瑚虫会迅速失去保护而死亡，浮游生活的有孔虫和其他具有

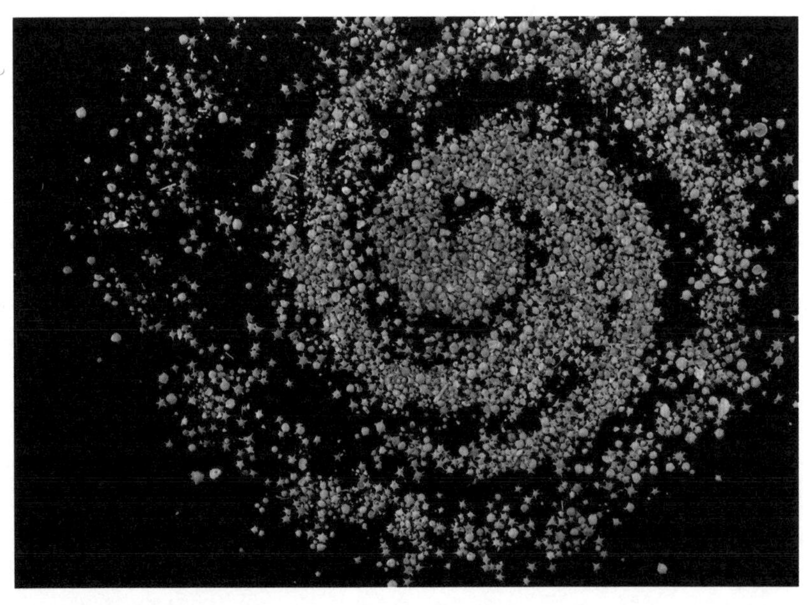

著名的星沙实际上主要就是有孔虫死后的壳

图片来源：Mushika/Adobe Stock/ 图虫创意

钙质外壳的浮游生物也是如此，贝类也不能逃过这一劫…… 这对表层海洋动物来说，是一场摧枯拉朽式的大毁灭。

这一理论不仅能解释为什么较深海域珊瑚的幸存比例更高，同时也能解释为什么菊石灭绝了，而鹦鹉螺幸存了下来。其中重要的原因就是菊石生存的水层较浅，不超过几百米，而鹦鹉螺生存的水域更深，并且后者形成被卵鞘保护的较大的卵，后代得到了更好的保护。至于蛸类，它们可能得益于已经在演化中基本失去了硬化的壳，因此受到的影响要小得多。

当然，海洋迅速的酸化理论尚不能解释有关海洋的所有问题，大灭绝事件本身是一场规模巨大、极为复杂的演化事件，需要多角度深入，具体情况具体分析，才能使我们对它有更加全面的了解。而在这次演化事件之后，地球生态空出了数量众多的生态位，这使得在此后的1000万年里，幸存的生物类群得以快速辐射演化，一个崭新的地质时代由此而出现了。

漫长的灾难

至于泥盆纪后期的灭绝事件，则与其他几次大灭绝事件有所区别，这一次持续的时间非常长，很可能用了有接近2000万年的时间，而且很有可能是分成了多个阶段。不同学者之间的观点尚不统一，托马斯·阿尔及奥（Thomas Algeo）等认为可能有8～10个事件发生。目前比较知名的有吉维特期（Givetian Stage）地层中部的塔卡尼克事件（Taghanic Event）、弗拉斯期（Frasnian Stage）早期的弗拉斯事件（Frasnes Event）、弗拉斯期与法门期（Famennian Stage）之交的凯尔瓦塞事件（Kellwasser Event），还有泥盆纪-石炭纪之交的罕根堡事件（Hangenberg Event）

等。其中，距今大约3.74亿年的凯尔瓦塞事件又被称为“F/F生物大灭绝事件”，是这个时期最核心的灭绝事件，它造成了约82％的海洋动物物种灭绝。而罕根堡事件，则可能是造成了石炭纪初期1500万年间缺乏陆上动物的化石记录的重要原因，这段时期也被称作柔默空缺（Romer’s Gap）。

让我们先从泥盆纪开始。它是古生代的第四个地质时代，时间上晚于我们在颌的演化过程中提到的志留纪，但是早于石炭纪，时间范围大致是从距今4.19亿年至3.59亿年，分成早期、中期和晚期三个大的阶段。

泥盆纪的各个时期及其起止时间

<table>
<tr><th colspan="3">时期</th><th>起 / 亿年前</th><th>止 / 亿年前</th></tr>
<tr><td rowspan="7">泥盆纪</td><td rowspan="3">早期</td><td>洛赫考夫期</td><td>4.192</td><td>4.108</td></tr>
<tr><td>布拉格期</td><td>4.108</td><td>4.076</td></tr>
<tr><td>埃姆斯期</td><td>4.076</td><td>3.933</td></tr>
<tr><td rowspan="2">中期</td><td>艾菲尔期</td><td>3.933</td><td>3.877</td></tr>
<tr><td>吉维特期</td><td>3.877</td><td>3.827</td></tr>
<tr><td rowspan="2">晚期</td><td>弗拉斯期</td><td>3.827</td><td>3.722</td></tr>
<tr><td>法门期</td><td>3.722</td><td>3.589</td></tr>
</table>

在奥陶纪大灭绝之后，从志留纪开始，生物界已经吹响了登上陆地的号角。植物要想登上陆地，首要解决的问题便是水的供应，虽然植物产生了可以从土壤中获取水和无机盐的根，但它们对于干旱的抵抗力依然很差，无法在干旱地区生存。植物的分布也明显限制了动物的分布。另一个要解决的便是支撑问题，没有了水的浮力，就必须有强健的身体来支撑自己。动物倒是问题不大，它们借助体表坚硬的外骨骼早就开始在岸边活动了。植物开始加厚自己的细胞壁，并且在中央形成支撑结构，也就是我们今天所说的维管束，该结构在志留纪演化成功，其代表为发现于我国贵州的黔羽枝（*Pinnatiramosus qianensis*）。海洋中，笔石兴盛，三叶虫和鹦鹉螺明显衰落，脊椎动物的实力在增强。

到了泥盆纪早期，裸蕨类占据优势，最早的昆虫莱尼虫（*Rhyniognatha hirsti*）也在这个时期被发现，之后，蕨类植物和裸子植物出现，特别是高大的蕨类植物使陆地变成了森林，而裸子植物还没有表现出太大的优势。由于植物数量的增加，泥盆纪大气中的氧含量增高。

由于陆地植物的快速辐射适应，泥盆纪被认为是植物大爆炸

（Devonian Plant Explosion, DePE）的时代。然而正是陆地植物和森林生态系统的出现，当前主流观点认为这是导致了泥盆纪物种大灭绝的关键推手。

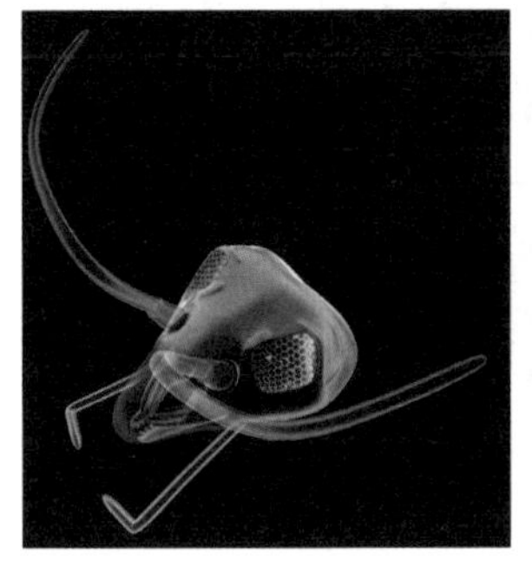

莱尼虫头部的新复原模型

图片来源：Haug and Haug, 2017/PeerJ/CC BY 4.0

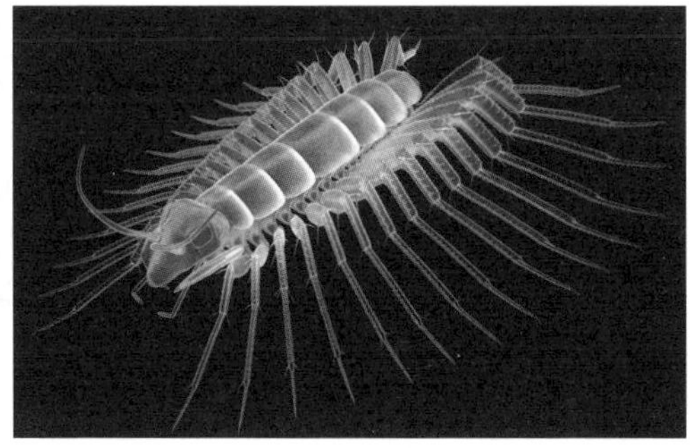

莱尼虫的新复原模型，最初它被认为是具有飞行能力的早期昆虫，现在看来，它的外形可能和原来设想的不大一样

图片来源：Haug and Haug, 2017/PeerJ/CC BY 4.0

泥盆纪早期的阿格劳蕨（*Aglaophyton*）复原图，它兼有苔藓类和维管植物的解剖特征

图片来源：sciencephotolibrary/图虫创意

泥盆纪中期的较早时间，生长在水边的高大的木贼与近处的星木（*Asteroxylon*）已渐成森林的雏形——后者因其茎星状的横截面而得名，它是早期的石松类植物（*Lycopsid*）

图片来源：sciencephotolibrary/ 图虫创意

鱼石螈（*Ichthyostega*）与泥盆纪最后的时光，图片左边是一株*Rhacophyton ceratangium*，它是早期的蕨类植物，远处是石松类植物和古羊齿（*Archeaopteris*），后者是最古老的乔木之一

图片来源：sciencephotolibrary/ 图虫创意

通常的解释是从两个基本事实出发的，一是解释全球气候在泥盆纪后期趋冷的问题，二是解释海洋发生的缺氧事件 —— 那里的地层中含有黑色缺氧页岩层沉积。

关于泥盆纪后期气候逐渐趋冷的问题，目前一般将其推定为二氧化碳的减少。今天，在全球变暖的时代，我想相当多的人都知道二氧化碳和甲烷等气体拥有很强的吸热和再放热能力，从而延缓大气降温，它们也被称之为温室气体。毫无疑问，今天大气中温室气体的含量正在快速增加。事实上，自1750年工业化以来，大气中的温室气体明显增加，至2006年增加了30%，今天，这个数值已经被进一步推高。但泥盆纪的情况应该是与之相反的，大气中的二氧化碳很可能在被快速吸收。

虽然植物登陆在更早以前就发生了，甚至在前文我们还提到了有人怀疑埃迪卡拉生物群其实应该是陆生地衣。但是，泥盆纪时期，通过维管束来支撑身体的植物已经大大发展，不论是在生物量上还是在光合作用能力上，都发生了质的飞跃。光合作用的本质，是将环境中的无机碳吸收，将光能转变为储存在含碳有机物中的化学能，反应的副产品是释放到环境中的氧。在这个过程中，陆地植物吸收的就是大气中的二氧化碳，并将其最终转变成了自身的物质。

此外，就是对岩石的风化作用，这也是一个消耗二氧化碳的过程。物理风化和化学风化从未停止，生物风化则可能至少起源自9亿年前，很可能是一些真菌。在植物登陆的过程中与之合作，形成了复杂的根系－真菌系统，真菌的菌丝成了植物根系的外延，也就是我们常说的菌根系统。今天，菌根系统已经成为植物界的标配，只有大约3％的植物没有发现菌根，但这并不意味着它们没有。将来有机会，我们可以系统地讲讲这个故事。

总之，大型维管植物庞大的根系已不再局限于岩石的最表层，很可能在真菌的帮助下，它们大大加速了岩石的风化，并且制造出了更厚实的土壤层。而这一活动还有一个附带结果，那就是大量的无机盐在这个过程中随着雨水、河流汇入了浅海，使得浅海的无机盐含量急剧增加。最终，富营养化的水体滋生了大量藻类等，产生了比今天规模大得多的赤潮等现象，造成了海洋水体中的溶氧量急剧下降，最终引起大量海洋生物窒息死亡。这就是泥盆纪植物假说（Devonian Plant Hypothesis, DPH），按照这个假说，二氧化碳的急剧下降导致了全球变冷，海洋中的富营养化导致了海洋缺氧事件的发生。

树木与根系

图片来源：pkproject/Adobe Stock/ 图虫创意

目前，泥盆纪植物假说被认为是解释泥盆纪大灭绝最吻合的理论，但是，它仍面临一些挑战。比如，泥盆纪如此多的灭绝事件是否都是这一理论可以解释的？而且，在2017年，博伊斯（C. Kevin Boyce）和李（Jung-Eun Lee）提出了一个非常要命的问题——泥盆纪的植物规模是不是真的足以造成这样的影响？

他们注意到，泥盆纪的维管植物化石记录主要出现在低地和湿地。如很像甘蔗地的新航森林（Xinhang lycopsid forest）可能分布在很像红树林的沿海环境；吉尔博森林（Gilboa forest）可能分布在经常发洪水的热带或亚热带的沼泽；开罗森林（Cairo forest）应该也分布在湿地上，只不过那里的降水量可能有周期变化；古羊齿类森林（forest of archaeopteridale）应该分布在冲积平原；斯瓦尔巴森林（Svalbard forest）应该分布在盆地里快速沉积的湿土中；高大的木本石松也分布在湿地环境中。而在干旱环境中，尚没有大面积林木的记录。而真正的内陆高地植物化石记录，出现在下一个时代——石炭纪。

因此，当时的陆地植物生态系统大概率是沿着海岸、湖岸和河岸分布的，高地、山脉等很可能并未被森林覆盖。倘若如此，泥盆纪的森林规模可就比今天小得多了。而另一个问题则是，泥盆纪植物的根系，普遍没有今天的植物这样发达，其对岩石的风化作用可能也要弱上不少。因此，关于泥盆纪植物假说的可靠性，还需要进一步求证。

与此同时，还有一些其他的假说可以关注，比如近期提出的与辐射有关的假说等。这些假说用于解释一些化石异常——在大灭绝的地层中，存在大量异常发育的陆生植物孢子化石，被认为是异常辐射造成的。以此为基础，这些观点认为有可能是当时的臭氧层出了问题，然后大气失去了防御紫外线的屏障，造成了陆地生态系统被摧毁。

约翰 · 马歇尔（John Marshall）等认为很可能是气温升高影响了地球物理–化学循环，促成了大量的卤代烃类气体进入大气，破坏了臭氧层。大家比较熟悉的氟利昂其实就是卤代烃类化学物质，它曾被广泛用于制冷剂，被认为是当代臭氧层破坏的重要推手。按照马歇尔等人的推断，当时卤代烃的产生甚至可能是一个不断强化的过程。他们认为臭氧层的破坏使得 B 波段的紫外线极度增强，不仅摧毁了陆上的植被，也造成了浅海生物的高度变异和多样化。

而布里安 · 菲尔兹（Brian D. Fields）等则认为异常来自天文现象，很可能是距离我们较近的恒星转变为超新星，向我们投放了大量的高能射线。超新星是大质量恒星在终结时有可能发生的一种剧烈爆炸形式，并且是我们已知的最剧烈的爆炸形式。以距离我们数百光年的参宿四来说，它的体积目前是太阳的数亿倍，并且会在100万年内发生剧烈的爆炸，转变为超新星。届时，它将成为天空中最明亮的星，甚至能如满月一样照耀大地，在白天也能够见到，而其实我们之间的距离，需要光传播数百年。而从地球到太阳，光

超新星爆发场景想象图，周围被照亮的是抛射出的气体等物质，形成了星云
图片来源：Martin Capek/Adobe Stock/ 图虫创意

只要8分钟，由此可见其爆炸的威力之大，其所释放的伽马射线等高能射线一旦到达地球，有可能会造成一定的影响。如果，曾经有一颗超新星离我们更近呢？有没有可能击穿地球大气的防护，直接造成灭绝事件的发生呢？不是没有可能。甚至包括奥陶纪灭绝事件等，也曾被人怀疑是超新星造成的。

当然，很可能泥盆纪生物大灭绝事件是多个事件综合作用的结果，它持续的时间过长，并且发生了相当多个灭绝事件，以至于其中各个事件的关系和起因现在并没有厘清，引起本次大灭绝事件的原因仍有待进一步的研究。

冰封的星球

事实上，不止泥盆纪末期骤然转冷，迄今为止，地球上至少出现过五个主要的冰期，并且造成了比较严重的后果。

在距今8.5亿~6.35亿年前，发生了可能是有史以来最为严重的冰期 —— 成冰纪冰期，由于其在寒武纪之前，因此其造成的灭绝事件并未算在五次大灭绝事件中。然而，其造成的影响，怕是不亚于任何一次大灭绝事件，甚至很可能更大。

据推测，当时整个地球可能完全被冻结成一个“雪球地球”。按照地球气候模型推演，一旦冰川能延伸到纬度30度，情况就会失控，大量阳光会被冰雪反射回太空，气温骤降，直到冰川从南北两极会师赤道，从此，90％的阳光将被反射，地球将永不解冻。这听起来很可怕，但“雪球地球”却很好地解释了很多冰川沉积记录，以及为什么那个时期地球上几乎所有的生命都灭绝了。2010年3月的《科学》杂志报道，在当时的热带地区找到了7.165亿年前冰川存在的证据，证明绝对冰封确实出现过。

地球冰期时间表

名称	时间（百万年前）	地质时代
第四纪冰期 Quaternary	2.58 — 最近	第四纪 （新生代）
卡鲁冰期 Karoo	360 — 260	石炭纪和二叠纪 （古生代）
安第-撒哈拉冰期 Andean-Saharan	450 — 420	奥陶纪和志留纪 （古生代）
成冰纪冰期 Cryogenian or Sturtian-Varangian	800 — 635	成冰纪 （新元古代）
休伦冰期 Huronian	2400 — 2100	成铁纪和层侵纪 （古元古代）

这件事情还要从更早的时间说起，生命诞生的确切化石证据从大约35亿年前开始，但此时地球的环境还极为严酷，空气中弥漫着有毒的气体，也没有臭氧层来阻拦紫外线的照射，对今天的大多数生物来讲都相当不适合生存，直到一类生物的出现才开始发生了关键性的变化。

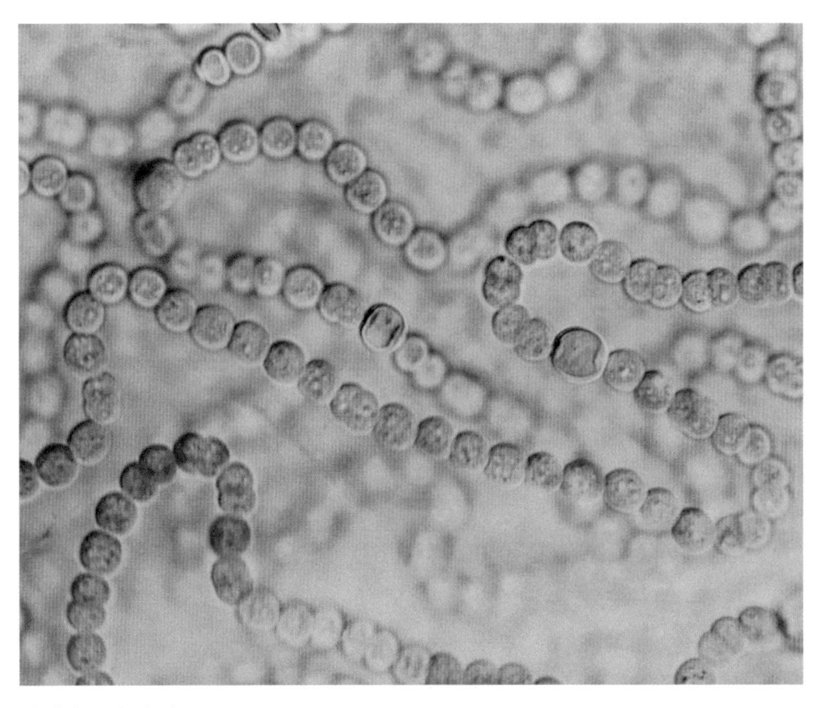

蓝藻中的念珠藻

图片来源：sciencephotolibrary/ 图虫创意

这类生物的名字叫蓝藻，也有人称之为蓝细菌，然而，它既不属于藻类，也不属于细菌，而是另一类细胞结构简单的生命体。今天，它们依然活跃在这个星球的各个角落。在早期地球，蓝藻像其他当时生活的生命体一样为单细胞生物，并且讨厌氧。事实上，在那个时代，地球上也没有氧气，与今天充满大量氧气的环境相比，那是一种还原性的环境，氧气对它们来讲，就像毒药一样可怕。

早期地球的场景想象图。近处，由于蓝藻等微生物一层层地覆盖生长，形成了露出水面的层叠石

图片来源：sciencephotolibrary/ 图虫创意

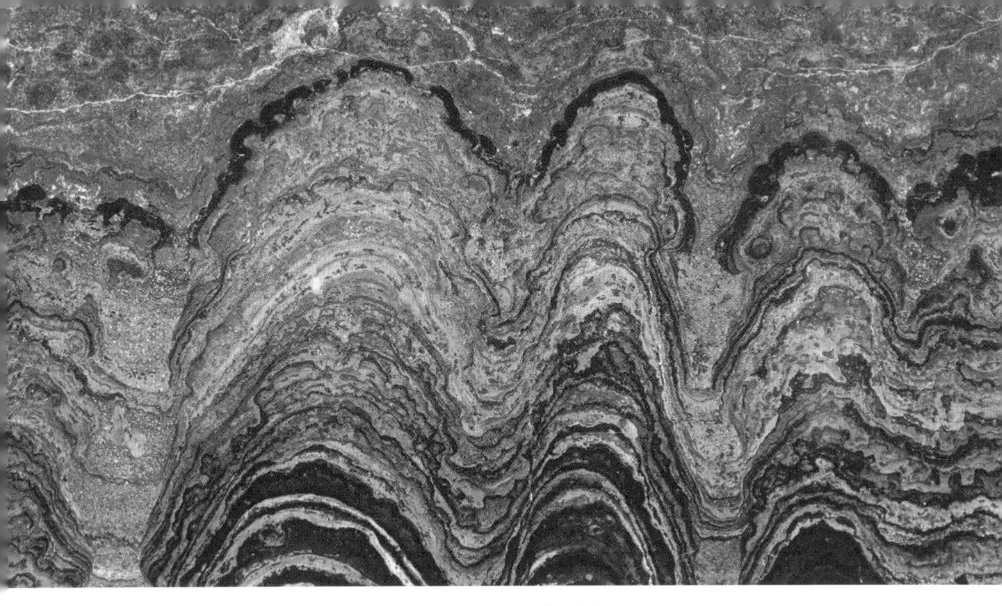

叠层石化石切片，它们可能是地球上最早的生命群落形式
图片来源：sciencephotolibrary/图虫创意

然而，在蓝藻中诞生了一些另类——一些能够高效进行光合作用的家伙，比原来所有的生物的光合作用都更快捷、高效。而这种高效的光合作用的副产品，就是氧气，这是一个悲剧的开始，也是一个伟大的开端。

位于澳大利亚鲨鱼湾至今仍在生长的层叠石
图片来源：sciencephotolibrary/图虫创意

散逸出来的氧，消灭了二价铁、单质硫，杀伤了那些不

能适应氧气存在的生命。这是一场以氧气为媒介的血腥杀戮，那些曾经在太古时代占据主导地位的不耐氧生物被屠戮到苟延残喘，命悬一线。而蓝藻及其他耐氧生物则蓬勃发展，迅速占据了主导地位。

但是，利剑最终指向了自己。

氧气开始肃清地球大气中的甲烷等温室气体 —— 这颗星球的表面温度开始迅速下降。终于，冰川覆盖了整颗行星，从两极到赤道，不管是否耐氧，所有的生物都陷入了困境，地质历史上最惨烈的生物大灭绝发生了。之后，是3亿年的漫长挣扎与等待。

然而，生命终于幸存了下来。迎接它们的，是光明的未来。

不管模型如何预测，现实往往更加复杂，地球终究还是会解冻。据推测，极有可能是火山喷发的二氧化碳造成的温室效应发挥了作用，使冰川消退。之后，在各个角落里苟延残喘的生命终于重见天日。就像所有的大灭绝之后，生态系统快速恢复并且发生了辐射式演化，这就是著名的“寒武纪生命大爆发”。

实际上，蓝藻拯救了所有的生命，哪怕它也是灾难的缔造者。

如果没有氧气，这颗星球将不可能诞生今天这般多样的生命系统 —— 大气中的氧通过呼吸作用支持着所有生物进行高效的生命运转，获取能量，在陆地上奔跑，在海洋中畅游，在天空中翱翔。

如果，没有氧气，这颗星球将不再如今天这般蔚蓝 —— 氧气在高空形成的臭氧层阻隔了紫外线和宇宙射线，不仅保护了生命，也保护了地表的水。否则，这些来自宇宙的能量会将水分子轰开，其中产生的氢气会逃逸到宇宙中，迟早有一天，我们的星球会像火星、金星一样干涸，已经产生的生命也将归于沉寂。

今天，蓝藻仍然是这个星球上最主要的氧气贡献者，占到了地球氧气产量的一半，尽管它们默默无闻，不为肉眼所见。然而，故事远没有结束，当代大气层中氧气的另一个主要贡献者 —— 绿色植物，它们细胞中的光合作用结构 —— 大名鼎鼎的叶绿体，也很可能起源自在细胞中共生的蓝藻。

蓝藻，通过创造的生命过程，亲手毁灭了一个时代，同时又是另一个时代的基石。创造，一把介于毁灭与兴盛之间的双刃剑，谱写了波澜壮阔的演化史诗。

从青藏高原开始

第四纪冰期是距离我们这个时代最近的一次冰期，可以再继续拆分成若干个交替的冷期（冰期）和暖期（间冰期），我们当下就很有可能处于一个间冰期中。我们在前文提到它最初的发生时间大致与巴拿马陆桥的形成时间对应，两者之间可能存在关联，同时，地球的轨道运行状态可能也与其成因有关，并推测出第四纪冰期存在10万～12万年的周期性变化，也存在近2万年或近4万年的周期性变化。但第四纪冰川的规模是无法与成冰纪相比的，虽然高纬度地区很寒冷，但低纬度地区的情况还好。在高纬度地区，动物们纷纷演化出适应寒冷的外形，如身材高大、浑身披着长毛、四肢粗壮的猛犸象类、披毛犀类等，都是适应冰河时代环境的大型哺乳动物。

长期以来，人们更关注冰期动物的灭绝，对它们是如何出现的知之甚少。科学家曾推测这些动物起源于北极地区，此后随着冰期的来临，冰盖的扩大，逐渐向南迁移。但是这一假说缺乏证据，既无法被证实，也无法被证伪。

不过，2011年9月，事情有了转机。由中国科学院古脊椎动物与古人类研究所的邓涛研究员和王晓鸣客座研究员领导的研究小组有了突破性进展。

事情要从2007年说起，当时该所的考察队进驻中国西藏阿里地区的扎达盆地。虽说是个“盆地”，但它的平均海拔也在4000米以上。这里曾是一个巨大的湖泊，而且很可能维持了数百万年的时间，最终湖泊干涸，留下了盆地。吸引考察队来此的就是那些被风雨侵蚀后从沉积物中暴露出来的古生物化石。

这次，他们在海拔4207米处找到一头远古巨兽的头骨和下颌骨化石。经过化石发掘和修复、年代断定和比对分析，真相渐渐在4年后浮出水面。这是一头远古披毛犀残骸。这类古犀牛是已灭绝的著名冰期动物之一，体重可以达数吨，具有非常粗壮的骨架、厚重的皮毛和巨大的鼻角。科学家根据鼻角上的刮痕推测，披毛犀能用鼻角推开雪堆，以便吃到被雪堆掩埋的植物。

根据以往出土化石的分布推断，披毛犀的诞生地最可能在亚洲，但此前一直没有定论。这一次发现的披毛犀就生活在370万年前，比冰河世纪的到来足足早了上百万年，是已知最早的披毛犀，也是所有发现过的披毛犀中特征最原始的。这表明它非但不是北极圈中发现的冰期动物的"后裔"，相反还是它们的"祖先"。

至此，一个新的冰期动物演化过程的假说诞生了：西藏披毛犀的出现表明，冰期动物起源于西藏，而不是北极。早在370万年前，西藏曾是全球最寒冷的地方。冬季严寒的青藏高原高海拔地区成为冰期动物群的"训练基地"，使它们形成对冰期气候的预适应，当冰期到来时，它们才得以成功地扩展到欧亚大陆北部的干冷草原地带。倘若这个假说成立，青藏高原才是冰期动物群最初的演化中心。

西藏披毛犀的头骨和下颌骨标本

图片来源：邓涛 供图

西藏披毛犀复原图

图片来源：Julie Naylor　绘，邓涛　供图

此外，经多年考察，研究者还在西藏地区发现了岩羊、雪豹、藏羚羊等多种耐寒动物的化石。现在，西藏还有一种当时的动物生存着——牦牛，牦牛以浑身披长毛的外形与常见的牛类亲戚区分开来，而它们身上的长毛和猛犸象的长毛又何其相似！化石记录表明，牦牛在冰河时期也曾向北扩散，分布区域远至西伯利亚的贝加尔湖地区。

以今天的观点来看，青藏高原很可能是全球生物多样性演化的一个重要枢纽。我们不妨想象，当冰河时代来临的时候，很多物种因耐不住严寒而走向毁灭，而那些原本蜗居在青藏高原上忍受天寒地冻的动物却如鱼得水般地成群向外迁徙，这又是一个怎样神奇的场景。

毫无疑问，冰河时代的气候变迁也推动了人类的演化和迁徙，不过，我们早期的演化中心应该在非洲。现代考古研究和分子生物学研究都支持这一观点。

在非洲发现的南猿（*Australopithecus*）极有可能是我们的祖先，它们大概出现于距今400万年前。极可能在100万年内，南猿朝着两个不同的方向发生了演化。一个方向是傍人（*Paranthropus*）的方向，头部肌肉变得发达，肢体变得粗壮，脑容量降低，变成了头脑简单、四肢发达的食草“野兽”。另一个方向则是人属（*Homo*）和平脸人属（*Kenyanthropus*）的方向，这个方向的体质差一点，但脑子变得更好用了。

我们现代人在生物分类学上就属于人属（*Homo*）。人属的第一个物种是能人，出现的时间大约为200多万年前。能人的早期类型之一为豪登人（*Homo gautengensis*）。也有人将他们的名字翻译成树居人，但其种小名中的“ensis”指示了前面的“gauteng”其实是个地名，是南非的豪登省。豪登人的身高只有1米，确实偶尔会居住在树上，而且还保留着一些古猿的特征，他们长着尖牙利齿，甚至很可能是残杀同类的“食人小恶魔”。不过，他们已经能够制作简单的工具了。之后，出现了直立人，我们所知的北京人、元谋人或者蓝田人，都是直立人走出非洲之后形成的群体，他们可能在距今180万年时就已经开始向西亚和东亚扩张了。直立人中的匠人（*Homo ergaster*）可能最接近早期智人的祖先。智人（*Homo sapiens*），是第三个人属的物种，尽管可能还有争议，本书在这里采用现代人（*Homo sapiens sapiens*）是智人的一个亚种的说法。

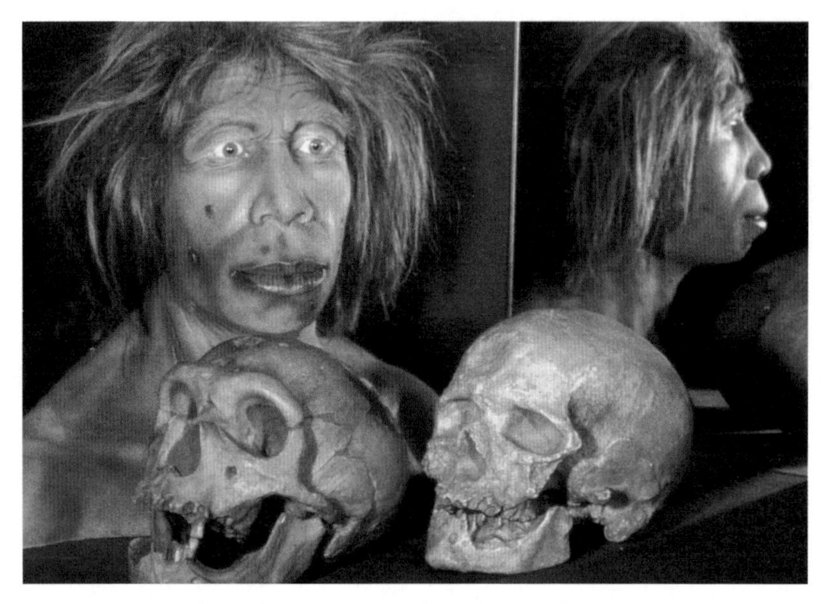

尼安德特人的头骨和形象复原，他们拥有更突出的眉脊和嘴巴。尼安德特人是作为一个和现代智人亲缘关系很近的独立物种，还是作为智人的一个亚种，目前还有争议

图片来源：sciencephotolibrary/ 图虫创意

智人曾多次走出非洲，并逐渐取代了欧洲和亚洲的直立人。到了距今大约20万年前时，大名鼎鼎的尼安德特人亚种（*Homo neanderthalensis*）*统治着欧洲和亚洲西部，丹尼索瓦人亚种（*Homo denisovaensis*）则在同时期统治着亚洲的东部，几乎与此同时，在非洲，现代智人逐渐演化形成了。此时，很可能在欧亚非大陆上，

形成了三个智人亚种三分天下的局面。

这个局面在距今七八万年前的时候被打破了，气候骤然变冷，全球平均气温可能下降了大约10℃，较高纬度地区的智人很可能遭遇了毁灭性打击，包括在地中海地区活动的现代智人群体。即使在非洲，现代智人的情况也不太好，有研究认为，我们的祖先可能总共只剩下了1.5万人，加起来也就是一个现代小镇的人口数。至于尼安德特人和丹尼索瓦人，可能就更惨了。通过比惨，其结果还是现代智人的祖先状况更好一点。灾难之后，同样也是机遇。现代智人的祖先走出了非洲，消灭、融合了其他智人，造就了今天人类的局面。

---

*作者注：关于尼安德特人和丹尼索瓦人的分类地位问题尚有争议，本书均暂时将其作为智人亚种处理，但学名标注按照常见格式，并未体现其亚种地位。关于此问题，读者可根据最新的研究进展自行判定。

倘若演化重新进行一次，我们还能看到这样的景色吗？

图片来源：docmigues/Adobe Stock/图虫创意

第九章·假如演化从头再来

回到最初的时光

在相当长的时间里，我都在思考一个问题，那就是，倘若将地球的演化史归零，回到地球历史的最初阶段，让时间再重新流淌一次，地球还能再孕育出生命吗？地球上还会出现智慧生命吗？人类还能够最终演化出来吗？

当然，其实我们还可以这样来问这个问题，在广袤的宇宙中，那些和地球环境差不多的星球，会不会发生和我们差不多的演化过程，会不会诞生生命，会不会出现拥有智慧的外星人？倘若我们与外星人相遇，所遇到的外星人会长得和我们差不多吗？是不是像我们在电影里看到的那个样子呢？

艺术家设想的一些“外星人”，这样的形象靠谱吗？
图片来源：AlienCat/Adobe Stock/图虫创意

至少我们目前还没有遇到过外星人，至今所有搜索地外文明的努力都一无所获，所以一切都得靠推测，当然，得尽可能科学一点。

让我们从生命的最初来源开始。

关于地球生命的起源，目前有两类假说。

第一类假说是来自地球之外的宇生论（Cosmozoa theory），当然，这个理论并不是说一群外星人开着飞船到地球来播种，而是认为生命演化的早期阶段是在太空乃至宇宙中完成的，比如一些原始的细菌等微生物，然后它们通过陨石、彗星等到达了地球。提出这一理论的依据在于我们确实在来自宇宙的陨石等中发现了一些简单的有机物，比如1969年坠落在澳大利亚的默奇森陨石（Murchison meteorite）。在这颗陨石中我们找到了70多种氨基酸，此外还有尿嘧啶和黄嘌呤等碱基类物质，它们是可以用来构成蛋白质或者核酸等生命物质的。而在太阳系，也不只有一个地方可能诞生生命。

默奇森陨石的一块碎片。一项新的研究显示，默奇森陨石的历史可能有70亿年之久，比太阳系的诞生还要早十多亿年

图片来源：Basilicofresco(wikimedia) from ArtBrom(flickr)/CC BY-SA 3.0

以火星为例，这颗星球因为表面覆盖的大量氧化铁而呈现出红色，今天它看起来既荒凉又孤寂，但即使如此，它仍然位于太阳系宜居带的边缘，是我们未来殖民的目标。但在地球形成早期的冥古宇时代，也就是距今46亿年至大约40亿年前的时代，火星很可能处在宜居带上，甚至可能有很大面积的水域和河流，到了距今38亿年前的时候，火星上可能还有液态的水。而早期生命的演化形成也许并不需要太长的时间，有观点认为，1000万年或者再稍微久一点就足够了。

此外，还有一些天体被认为可能拥有液态水。为什么我们要强调水的存在？因为至少对于地球生命系统来说，水的存在太过重要了，它是维持我们基本生命过程的前提，也一定是伴随着生命起源的关键性因素，讨论地球生命的起源问题，不可能绕开液态水。

另一个被考虑的地方则是彗星，彗星是携带水量比例最多的天体之一，往往也同时携带有大量含碳化合物。威廉 · 纳皮尔（William Napier）等人估计，直径大于100千米的大质量彗星，在其形成早期的放射性产能可以让其内部的水维持液态长达超过1000万年的时间。这意味着有足够的时间形成早期生命。按照他们的推测，这些地方产生生命的条件至少不会比早期地球差。之后，生命则可能会转入休眠状态，并有一定的概率被释放出去。一些彗星甚至有可能脱离原来的星系，前往其他星系，比如在2017年快速掠过太阳系的奥陌陌（Oumuamua），这是我们首次探测到的造访太阳系的星际天体。

不论生命产生于地外行星、彗星或是其他天体，只要它们能够保持存活或者休眠下来，都有可能散逸到宇宙空间中去。纳皮尔等认为，不管生命产生于何处，它们都有可能在数十亿年内扩散到银河系的各个角落，那些宜居星球则会成为宇宙中生命传播的一个个演化枢纽和中转站。当然，地球也是其中之一。在地球大气的最外层，大气已经非常稀薄，但是仍然有微生物存在，它们有可能直接散逸到太空去，也有可能搭便车——考虑到漫长的地质历史，恐怕有数以十万计的小行星曾经掠过地球大气并有可能顺路捎走了其中的微生物，然后砸向其他星球。倘若真是如此，就算纳皮尔等人的计算存在比较大的误差，就算生命只起源自地球，那也已经产生了至少35亿年，散逸到外太空去的单细胞们怕也已经漂流了很远吧？反过来，如果早期火星上确实产生了生命，那么它们流浪到地球似乎也是顺理成章的事情。

不过，生命能在星球之间活着转移吗？这可难说。但目前我们已经知道了一些比较特别的微生物看起来挺适合星际旅行，比如耐辐射奇球菌（*Deinococcus radiodurans*）。

耐辐射奇球菌是在1956年首先从辐射灭菌后的肉罐头里检出来的，目前可以暂时归为细菌类，其个体直径接近2微米，在球菌中算是比较大个头的。耐辐射奇球菌通常以两细胞形态靠在一起，

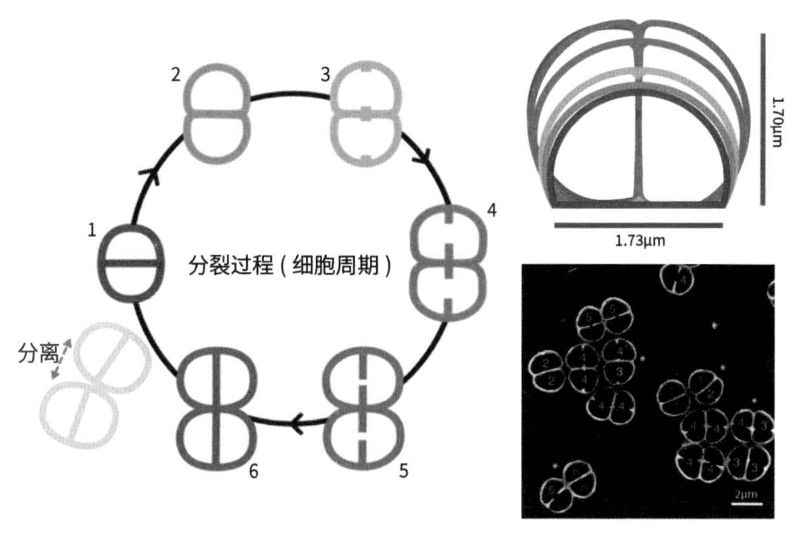

耐辐射奇球菌的分裂过程示意图，左上为细胞形态在各阶段的生长和变化，左下为经尼罗红增强染色后细胞膜的显微照

图片来源：本书作者基于论文（Floc'h et al., 2019/Nature Communications/CC BY 4.0）整理

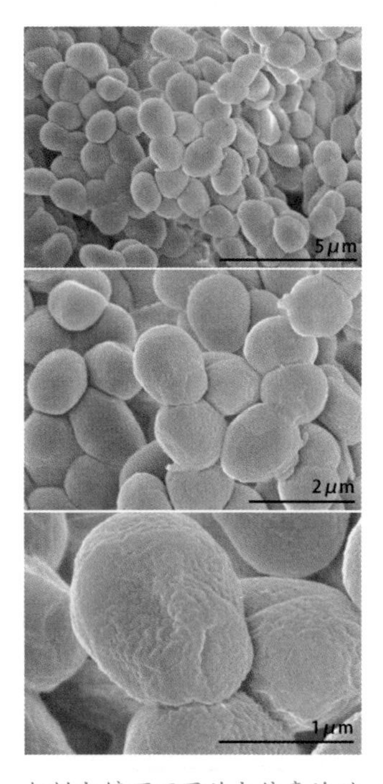

扫描电镜下不同放大倍率的耐辐射奇球菌

图片来源：本书作者根据论文（Lin et al., 2020/Scientific Reports/CC BY 4.0）整理

在分裂的过程中有时会出现短暂的四细胞状态。这种细菌具有超强的耐辐射、耐氧化和耐干旱能力。在旺盛分裂中的耐辐射奇球菌也能对伽马射线表现出极强的抗性，其极限生存剂量可高达1.5万戈瑞。而在日本广岛原子弹爆炸中心1.5千米处找到的人类受害者遗骸显示他当时承受的辐射剂量约为9.46戈瑞。如此大的差距意味着只要不被原子弹直接命中，耐辐射奇球菌怕是都能生存下来。

耐辐射奇球菌通过特殊的高密度基因组DNA、特殊的细胞壁、特殊的细胞内环境、超强的DNA损伤修复机制及其他可能未知的保护原理，获得了极限生存能力。即使DNA上出现了上百处破坏，耐辐射奇球菌仍然能够完成修复。哪怕是具有强烈致癌作用的化学诱变剂或者强氧化剂，也不能有效地让它增加DNA突变。伊曼纽尔·

奥特（Emanuel Ott）等的实验把耐辐射奇球菌在国际空间站外面晾了一年，也没把它们怎么样。这意味着至少在某些特定的情况下，耐辐射奇球菌这样的微生物应该是可以进行太空旅行的 —— 不管是从地球前往别的星球，或是被从别的星球带来地球。

宇生论的另一个支点是，地球可孕育生命的时间是相对比较晚的。早期的地球非常不太平，尤其是地球形成的头5亿年，太阳系早期形成的小行星或者各种天体持续轰击地球，并且其间至少有一次极为剧烈的撞击，时间在大约地球形成后1.5亿年左右的时候，其结果是一部分物质被甩出，形成了月球。今天，由于地球表面活跃的地质活动，已经很难找到当年的痕迹。不过，你只要找个望远镜看看头上的月亮，看看那大大小小的环形山和陨坑，就可以想象那持续了8亿年的“大轰炸”是如何盛况了。然而作为质量更大、引力更强的地球，这个靶子可能比月球要优越得多。据估计，可能发生过数次直径大于500千米的天体撞击事件。且不说当时的地球环境本就相当恶劣，这种规模的撞击远非消灭恐龙的那种10千米级天体的撞击事件可比 —— 所释放的能量足以将全球的海洋蒸干，让整个地球表面完全高温化，并维持超高温大气达数千年。因此，直到距今38亿年前，地球诞生生命都会很艰难，哪怕在某个间歇中产生了生命，也有很大概率会被直接消灭掉。

但是这些撞击也同样带来了好处，彗星撞击带来了水，它们与地球自身的水汇集在一起，形成了原始的海洋，为后来生命在地球上的发展奠定了基础。而倘若太阳系的其他地方已经诞生了生命，或者来自更深处的宇宙，它们恰好在合适的时间造访了这里，确实有可能迅速站稳脚跟。

当然，此时地球也同样完全有能力自己孕育生命。倘若生命的发生是宇宙中的一个自然现象，那么，没有理由说地球不能自己产生生命。当前，持有这一观点的人显然更多。这就是地球生命起源的第二个假说——本土发生论。

然而，更进一步，我们是不是还可以提出一个问题，那就是，地球生命发生的时候，是否在某一个时间段，来自宇宙的原始细胞和本土发生的原始细胞曾经同时存在过？然后，有没有可能发生了相互影响或融合？又或者其中的一方在竞争中被完全击败，胜利者占据了世界？

差不多的碳基生命

不管生命起源自地球，抑或是其他类地行星、卫星、彗星或者其他类似的天体，在我们可以预见的这些环境中完成生命发生（Biopoiesis），都需要有一个从非生命化合物转变为生命的过程。也就是化学演化，它将从简单的化合物一步步迈向复杂的生命化合物。

复杂化合物的出现是生命出现的前提，它们需要在早期环境中通过各种各样的化学方式进行积累。你不要指望简单的化合物可以直接变成生命，那不现实。我在学生时代曾经读过一篇名为《天演》的科幻小说，说的是在外星的科考队遇到了极简的生命形式——能够强力摄取水分，并不断进行自我繁殖的酒精分子。对科幻来说，这很精彩，但是化学原理不会让它变成现实，只要你确定它确实是酒精分子。酒精的化学名称是乙醇，化学式是CH_3CH_2OH，分子的核心骨架是两个相连的碳原子。碳、氢、氧元素的物理和化学性质已经固定，乙醇的分子结构与分子特性也已经固定，火星上的乙醇分子和地球上的乙醇分子，或者是其他任何类地星球上的乙醇分子都不会有任何区别。

分子要想自我复制，它首先必须要能够控制化学反应的产物朝向某个特定的方向发展，想要实现这个功能，这个分子就必须足够复杂，甚至需要一套复杂的分子系统，就像我们自己细胞内的分子系统一样。

而要想实现复杂的分子结构，就要求组成分子骨架的原子能够形成足够多的化学键。你可以把化学键想象成一个个可以将原子小球连接起来的小棍子，只有原子所拥有的棍子足够多，才能够彼此连成长串，形成复杂的分子结构。感谢门捷列夫的伟大发明，我们已经能够预测原子可以形成的化学键数量，翻开元素周期表，我们很容易找到这些元素。非金属元素最佳，位置最好是第四主族和第五主族的元素，前者可以形成四个化学键，后者可以形成三个或五个化学键。我们很快就能锁定这些元素，在第四主族有碳和硅，在第五主族则有氮、磷和砷。此外，第六主族的氧和硫也很有潜质。我们的生命系统就是在这其中选择了碳、氮、磷、氧和硫作为生命分子的骨架元素，其中，以碳元素为核心。因此，我们这些现代的地球生物也被称为碳基生物。

与碳元素化学性质相近的硅元素，它有没有可能作为生命大分子的骨架呢？硅元素确实能够形成看起来有些复杂的分子结构，自从弗雷德里克·基平（Frederic Stanley Kipping）发现了不少有趣的含硅分子以来，化学家们孜孜不倦地试图用硅来合成各种含碳分子的结构类似物，但其中一些化合物始终无法合成——它们在热力学上不够稳定。而碳元素则要容易得多。1952年，一名叫米勒（Stanley Lloyd Miller）的研究生利用氨（NH_3）、甲烷（CH_4）、氢气（H_2）、水等模拟早期的地球环境，用电弧来模拟环境的能量注入，仅用一个星期就在实验室获得了甘氨酸和丙氨酸这两种最简单的氨基酸，并且还获得了一些比较复杂的氨基酸，六分之一的甲烷转化成了复杂化合物。而氨基酸正是今天的生命基础之一，它们是组成蛋白质的基本单位。

而且硅元素还有另一个天然劣势，在地球环境下，它的各种常规化合物中，液态和气态的物质太少。比如和气态的二氧化碳相比，二氧化硅不仅是固态，而且相当坚硬。这对生命来讲，可不是一件好事情。生物要从环境中摄取物质壮大自身，并且需要把体内不需要的物质排出体外。对于完成这项功能来讲，液体和气体的物质是最佳选择，实在不行，半流体也可以凑合，但是，倘若完全是固体，而且还相当坚硬，甚至化学性质足够稳定，那就尴尬了。

也正是因为上面这些原因，哪怕地球上的生命再重新演化一遍，硅基生命也很难出现。

至于砷元素，倒是很可能成为生命选择的元素之一，然而在地球上，这很难。因为砷元素在每吨土壤中的含量仅为0.1 ~ 40克，在整个地壳中的含量也仅为2.2克/吨，和它化学性质相近并且更适合承担这一功能的磷元素，在地壳中的含量是其将近600倍。

因此，不论生命起源自何处，在我们可以预见的条件下，经过化学演化产生的生命有很大的概率会是碳基生命。哪怕回到地球之初，再次进行演化，很大概率仍然会出现碳基生命，并且很大概率仍然会主要使用相同的元素，我们同样有理由相信，在地球演化条件下，氨基酸仍会再次发挥重要的作用，甚至一些主要氨基酸的种类都不会发生太大变化。

举一个简单的例子，氨基酸有不同的构型，为什么地球生命系统基本使用的都是 α - 氨基酸，而不是别的氨基酸构型呢？基于丙氨酸的研究可以稍微提示一下这个问题的答案，研究表明，α - 丙氨酸可以在与磷酸结合后自发形成多肽，而多肽是形成蛋白质的必要结构，但 β - 丙氨酸就没有这种活性。换言之，生命演化对化合物的选择，往往有其背后的道理。我们还可以从别处来寻找佐证，比如组成遗传物质核酸基本骨架的五碳糖，埃申莫瑟(Eschenmoser)曾试着用四碳糖或者六碳糖去替代五碳糖形成骨架，发现其稳定性都不够好。

但即使如此，在不同的起源条件下，生命也许是碳基的，也许在特定的条件下连成分都会具有高度相似性，但并不意味着会在化合物种类上绝对雷同。事实上，哪怕对天体来讲只是一些微不足道的小差别，也足以影响生命演化的整个进程，甚至波及演化的基石，非碳基生命的发生概率仍不能否定。宇宙中远不只有我们之前所探讨的这些演化条件，也一定存在其他更多样的演化方式，甚至超出了我们现有知识体系的评估能力，比如把恒星作为信息节点或者脑细胞而演化出星团级甚至星系级智慧个体之类的宏大设想等。不过，至少以我们目前所掌握的知识来分析，对太阳系里地球这个特定的孕育条件而言，生命诞生可以有的选择可能并不多。

细胞与胞内环境

很多人觉得奇怪，为什么科学家会在寻找和推测外星生命时，特别执着地在意那颗星球是否有水的存在。事实上，至少在我们星球的生命演化上来看，水的存在确实是生命演化的基础。而且在我们前文所提的那些假定环境中，液态的化学物质对生命的演化来说是非常关键的，如果有液态的水，那就更好了。

水有很奇妙的化学特性。可能很多读者都知道，水分子是非常简单的分子，由一个氧原子和两个氢原子组成。在分子结构上，氧原子居于主导地位，它将氢原子的电子向自己的方向强力吸引，从而使自己带弱负电，相应地，氢原子带弱正电。这样，整个分子就有了正负电极性，也被称为极性分子。在分子中，水分子算是极性比较强的分子。这使得水分子之间也会发生电荷的亲和，主要是一个水分子的氧原子会去吸引另一个水分子的氢原子，形成一种新的弱连接作用，在化学上称为“氢键”。氢键是很弱的化学关系。但是，这足以对各个水分子进行一定程度的束缚，其结果就是水从液态转变为气态需要更高的温度。你不要小看了在地球大气环境下水的液态温度区间（0 ~ 100℃），正是这个区间的存在，使得在地球的大多数地方，水可以维持在液态，而不是轻易地气化。要知道，哪怕同样在第六主族的硫化氢（H_2S）的分子更重，以及二氧化碳的分子重量是水分子的两倍还多，它们在常温下也都是气态的。此外，水还具有很高的比热容，这使得它能够维持一个相对稳定的温度环境。水分子，是非常特别的存在。但水不能被神化，至于以为水什么答案都知道，还去开拓了各种奇

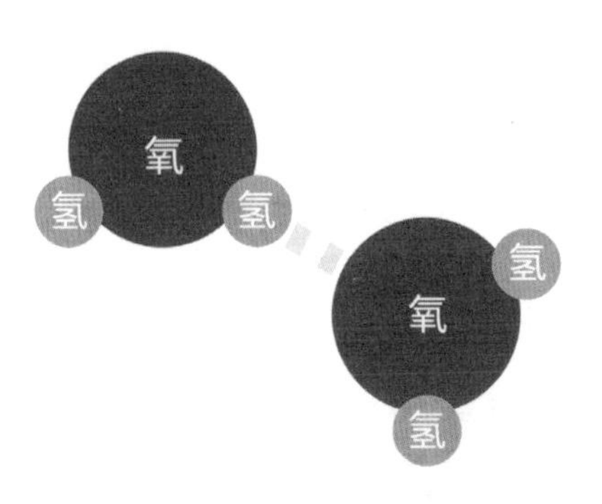

两个水分子及它们之间所形成的氢键（虚线）示意图
图片来源：本书作者　绘

怪的水状态和概念之类的，是实在让人没法评价的。

由于水分子的极性特征，它们能够成为良好的溶剂，溶解相当多的无机物，从而同时为化学反应提供了良好的环境。这一点，从我们中学课程里设计的用以学习化学反应的操作实验中，多数时候都是用水作为试剂溶液这一项，就足以说明问题。具有极性分子的液体水还获得了另一项能力 —— 它们不能与非极性的有机液体互溶。比如水无法与化学试剂苯互溶，生活中炒菜用的油也会漂在水面上。但是具有极性的有机分子却可以与水互溶，比如酒精与水就互溶。同样，有机分子之间往往可以互溶，这就使得它们之间的溶解关系变得复杂。也正因为如此，才能够构造出生命复杂的边界结构 —— 生物膜系统。

以生物膜中的细胞膜为例，它是细胞的边界结构，这种堪称精妙的结构将细胞内隔绝成了一个相对独立的环境。这有赖于一类特别有意思的分子 —— 磷脂分子。以最常见的甘油磷脂为例，分子的中间连接结构是一个甘油分子，也叫丙三醇，它具有三个醇羟基，可以分别连接三个酸性基因。有意思的地方就在这里，这三个酸性基因分别是一个磷酸和两个脂肪酸。组成磷脂的磷酸部分，是可溶于水的，而脂肪酸部分则是不可溶的。这样，磷脂分子就会形成了一种“半溶解”的奇特状态。那你想，倘若磷脂分子被置于水中，会是怎样的结果？

它们会在水面上延展成一层薄薄的单层分子，所有的分子形成一种头朝下的状态 —— 磷酸基团向下溶解入水中，两根脂肪酸“尾巴”向上暴露在空气中。

不过，磷脂分子在水中还有第二种稳定状态，那就是形成双层的泡状结构，将一个水球包裹在内部。内层磷脂分子的头部朝内溶解在内部水球中，外层磷脂分子头部向外，溶解在外部广阔的水域中，而此时，两层磷脂分子疏水的尾部就藏在了内层。这种结构，正是今天细胞膜的基本骨架结构，只是今天的细胞膜内还穿插了执行生命功能的蛋白质和起到稳定作用的胆固醇等。今天，我们相信，只要通过化学演化在水中积攒了足够多的磷脂，通过波浪、震动等物理作用，这些特殊的磷脂包裹的小水球是可以自然发生的。它们一旦形成，就迈过了向细胞演化的一道重要的门槛。

磷脂分子隔离出的小小水环境对于生命的起源和演化非常重要，它阻挡了环境物质的随意进出，使得化学演化可以在一个相对

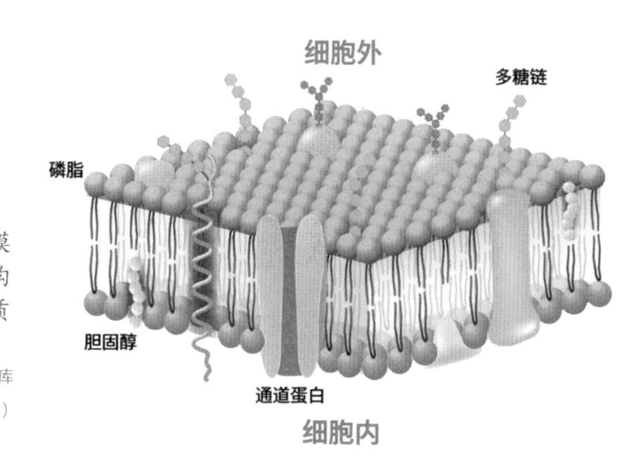

细胞膜的基本结构模型，两层磷脂分子构成基本骨架，蛋白质镶嵌和贯穿其中

图片来源：本书作者根据图库素材（edesignua/花瓣美素）整理

不受干扰的情况下完成。这些小水球也可以彼此碰撞、融合、分裂或者吞噬，以交换和释放彼此的物质。

地球是如此广大，细胞是如此渺小，地质历史又是如此漫长，即使在一百多年前达尔文初创物种起源理论的时候，也已经意识到了这个问题，从非生命物质向生命的演化很有可能在多地、多次发生，而不是只发生了一次。很可能在相当长的时间内，不同起源的生命在地球发生着平行演化，直到它们彼此相遇，并爆发了激烈的冲突。甚至我们亦无法排除来自宇宙的生命种子也加入了这场宏大的竞赛之中。

最终，我们的祖先胜出，并且可能消灭了所有其他支系。今天，地球上所知的生物都采用同一套分子机制，便是证明。也许你要说，我们应当审慎地寻找那些可以认定这一关系的指标，生命采取相似的氨基酸种类恐怕不能成为证据，哪怕是都用蛋白质来承担生命活动，都用 DNA 作为遗传物质，也不能成为绝对的证据。但是，遗传的密码子是可以的，它的历史可以追溯到生命起源相当初期的阶段，在今天的整个地球生命系统中仍然几乎统一。关于密码子，我在《寂静的微世界》一书中有详细的论述，今天的高中生物课本上也有密码子表，如果有兴趣，你可以找来进一步研读。密码子表是遗传信息传递的编码系统，不同演化起源的生命系统几乎不可能一致。这就好比不同起源的民族，他们所使用的语言没有相同的可能。密码子表，可以作为生命起源的亲缘指纹。随着宇航技术的进步，人类将到达越来越多的地方，并且终将与其他星球的生命相遇。那时我们也终将得以确认生命在宇宙中的发生规律。

诡异的栉水母

细胞很可能是简单的生命向更复杂生命演化过程中绕不过去的关卡，那么，更复杂的系统呢？要讨论这个问题，请允许我在这里特别介绍一个动物类群 —— 栉水母（Ctenophore）。这是一个在近期引起演化生物学界持续争论的类群。

最开始的时候，栉水母和水母一起，被置于称为腔肠动物（Coelenterata）的类群中，可能在某些科普读物中还能看到这个类群名字，然而其实它早就被生物学家们扫进了历史的垃圾堆，而且基本没有再翻案的可能性了。现在，从水螅到水母，从海葵到珊瑚虫，这些动物被归入了刺胞动物，栉水母独立一家。因为，我们发现，除了身体都呈凝胶状等少数相同点以外，栉水母和水母的差异非常之大。

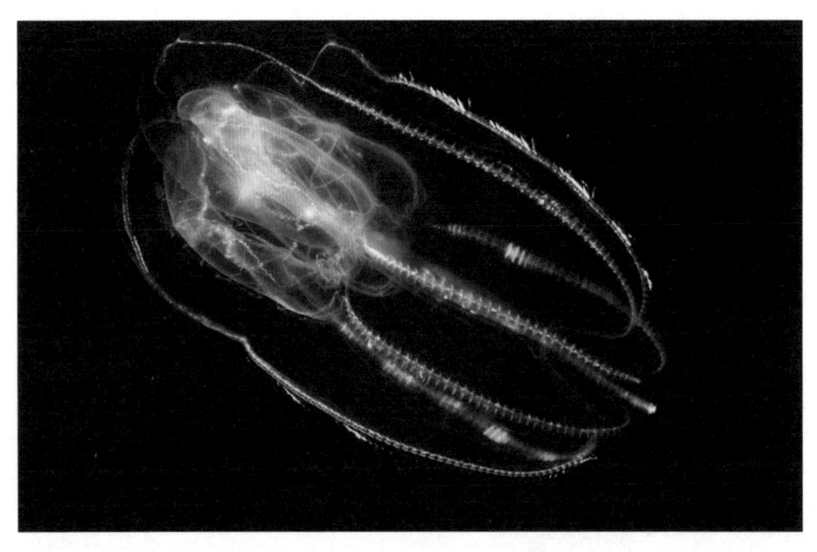

栉水母在灯光下映出的样貌，它们身体透明，在自然光下很难被发现
图片来源：sciencephotolibrary/图虫创意

栉水母在身体上有八条纵向排列的梳子状结构，也称为栉板带，这也是它们名字的来源。除了刺胞栉水母（*Haeckelia rubra*）能够从捕食的水母那里偷窃外，栉水母不具备刺胞动物那经典的、可以释放毒液的刺细胞或刺丝囊；相反，它们拥有的是黏细胞，这种细胞不具有防卫功能，但可以用于捕猎。而相比刺胞动物只具备松散的神经

细胞初级网络，栉水母已经拥有了复杂的神经系统，不仅具有神经突触结构，甚至包括一个初级的脑。当然，还有复杂得多的神经-肌肉系统。除此外，它们的幼体在结构上同样迥异，而且水母是辐射对称动物，而栉水母看起来则更接近两侧对称动物。也正是因为这一系列的差异，将其分成两个不同类群的观点，已经无可辩驳。

然而更大的引爆点来自2013年末在著名的《科学》杂志上公布的栉水母全基因组测序结果。这篇论文所用的实验物种是淡海栉水母（*Mnemiopsis leidy*），它原产地在美洲，也是在地中海周边挺出名的入侵物种，喜欢鱼卵和幼鱼，给欧洲渔业带来了不小的损失。这项工作显示，淡海栉水母和其他多细胞动物相比，存在大量的基因分歧，而根据其基因数据构建的演化树显示，栉水母可能比海绵还要古老，是其他多细胞动物的姐妹群。

淡海栉水母

图片来源：Steven G. Johnson/wikimedia/CC BY-SA 3.0

这是一个相当劲爆的结论，虽然动画片里的海绵宝宝有手有脚只是脑子不太好使，但真正的海绵可是被认为是最初级的动物的，结构最简单，位于动物演化系统的最基部。海绵也被称为多孔类，没有组织，没有器官，没有神经，更没有脑子，这些动物依靠过滤水中的有机质生存，也与藻类共生以获取营养。海水在一些被称为领细胞的细胞的运动下从海绵身上各处细小的进水口进入，然后从一个个较大的出水孔排出，同时也完成了呼吸、摄食和排泄的功能。

但倘若动物演化的最基础支变成了有神经、有肌肉甚至有脑子的栉水母，那海绵这个状态怎么解释？在演化位置上位于海绵后面的水母等又该怎么解释？然而，无独有偶，早在2008年，《自然》杂志发表的一篇论文已经质疑了传统的演化树结构，但是这篇论文的作者还是不太敢相信栉水母更加原始，没敢把这事情挑得太开。

倘若栉水母真的更接近动物共同祖先的状态，那我们就只能解读成海绵等动物在演化的过程中丢失了祖先大量的复杂性，然后整个动物系统又重新演化出了神经、肌肉等组织。也就是说，动物界的复杂性演化，至少发生了两次。

当然，我们也可以更保守地去解释这个事情，那就是动物的共同祖先已经具备了产生更复杂结构的基因基础，但实际上并没有演化出那些器官。栉水母只是在这个基础上独立获得了这些功能，同时也让它所携带的基因信息看起来更原始一些。而在漫长的演化过程中，栉水母和海绵都改变和丢失了很多基因，这也会干扰对它们之间演化地位的判断。如果这样，倒是也能说得过去，这里可以随手举一个例子，2007年《科学》杂志发表了尼古拉斯·普特南（Nicholas H. Putnam）等的成果，显示海葵拥有和脊椎动物同样多的基因，这也意味着并不是动物越原始，基因的多样性就越差。

太平洋侧腕栉水母（*Pleurobrachia bachei*）

图片来源：Marine Genomics 2012/flickr/CC BY 2.0

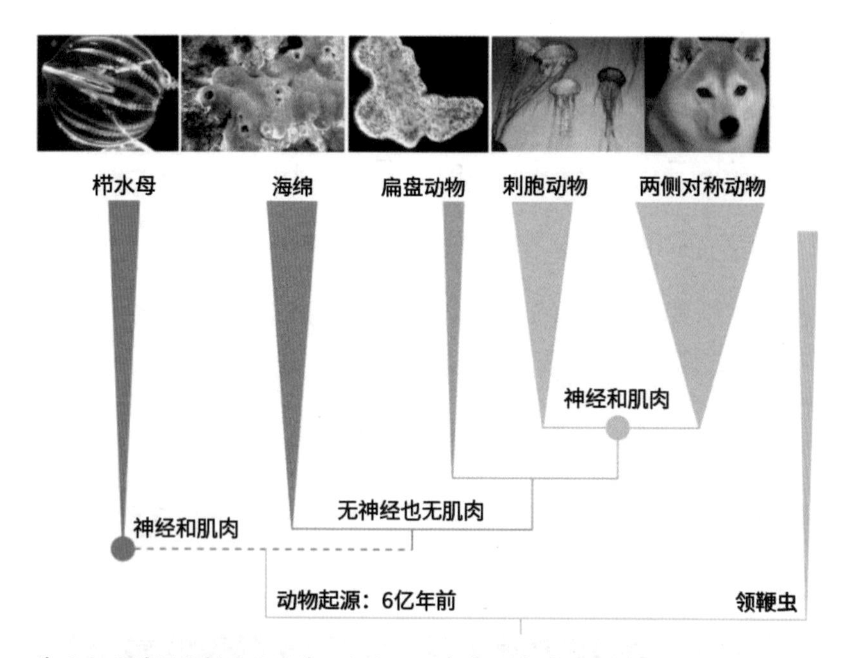

基于太平洋侧腕栉水母的基因组数据，李奥尼德·莫罗兹（Leonid L. Moroz）等给出的动物演化关系

图片来源：本书作者根据莫罗兹等的研究（Moroz et al. 2014/Nature/CC BY-SA 3.0）整理

但从2013年到2017年之间，支持栉水母早于海绵的证据却一直在层层加码，从基因组分析到线粒体DNA分析，再到转录组数据分析都是如此。

直到2017年，形势才开始有了大变化，这一年，保罗·西米恩（Paul Simion）等在《当代生物学》（*Current Biology*）以更大的数据规模重构了它们的演化关系，在这个分析中，栉水母虽然仍然很古老，但它的演化位置在海绵之后。他们在论文中指出，之前的分析将栉水母放于动物演化的最基部是数据幻像造成的伪影。

然后，就有学者在论文中表示，这事太尴尬了，造成这种局面的原因可能是数据分析的方法模型不一致。很快，还是在2017年，罗贝托· 弗优德（Roberto Feuda）等在《当代生物学》上撰文，采用不同的数据分析模型，果然再现了不同的结果，栉水母可以在海绵之前，也可以在海绵之后。不过，弗优德等最后选择站队海绵，仍然认为它是所有其他动物的姐妹群，而非栉水母。

2019年，古生物学家来终结分子生物学家的数据模型大战了，澄江生物群中，找到了水母和栉水母共同起源的关键化石证据。这意味着，这个问题可以暂时画上一个句号了。海绵仍然可以作为最古老的动物分支，栉水母可能并没有海绵那么古老。但这并不意味着栉水母和我们共享了神经原理，它们仍然是实打实地自己演化出了复杂的神经系统。

在栉水母的神经系统中，我们找不到5-羟色胺、多巴胺等经典的神经递质化合物，相当多的在其他动物神经系统中存在的基因在栉水母中也找不到。在其他动物细胞中引导神经元生长的蛋白质，在栉水母中同样没有发现。而在其他动物中发挥别的作用的基因，却在栉水母神经细胞中表达，如其他动物可以形成肌肉的中间层组织的一些基因。这意味着，至少在神经系统运作的最底层，栉水母就和人类存在着机制上的显著差距，它们并没有以人类的方式来实现神经功能。

趋同演化与重新开始

就像栉水母和人类分别演化出了不同却类似的复杂神经系统一样，生命在自然的选择下，发生过太多次独立进行却结果相似的演化，这也被称为趋同演化（convergent evolution）—— 一些资料中也称之为“趋同进化”，就像在本书的序言中所讲，你可不要指望我和相当多的同行会轻易认同“进化”这个古董级翻译，我可以在这本书的书名上妥协，但正文里就不能再让步了。生命的演化从来都不是一条向上的直线或斜线，也不能被看成攀登阶梯的过程。就如同兽脚类恐龙在演化的过程中逐渐弱化甚至是丢失了第一趾和第五趾，踩下了三趾的足迹，但是在演化形成鸟类的时候，因为攀援抓握的需要，朝后的那根脚趾（第一趾）又被强化而变成了四趾，但到了红腹锦鸡等善于在地面奔跑的鸟类身上，这根趾又被弱化，甚至鸵鸟只剩下了两趾，其中还只有一根趾比较发达。同样是抓握，哺乳动物改用前肢，但熊猫的上肢没有像灵长类那样演化出灵活的拇指，它们干脆用突出的腕骨来解决这个问题。

请特别关注一下这只熊猫拿着竹子的“左手”，看到它那拇指一样的结构了吗？那是它的“第六手指”，由腕骨演化而来

图片来源：sada/Adobe Stock/图虫创意

演化存在一系列的平行过程，不同生物类群在各自生存的环境去解决相应的问题。在生存压力下，它们可能会获得复杂性，也可能会抛弃复杂性——面对相似的问题时，它们也许会使用相似的答案，但它们本质上仍属于不同的类群。

就像今天仍然活跃的无数个诞生于海洋及重返海洋的动物类群，它们最终都不约而同地选择了相同的体形轮廓，但软骨鱼用裸露的鳃裂呼吸，真骨鱼用鳃盖保护着的鳃呼吸，爬行动物、鸟和哺乳动物则用肺呼吸，而鸟和哺乳动物还具有恒定的体温——鸟和哺乳动物各自独立演化出了调节体温稳定的系统。

当我们面对一个生态位的时候，总期望在不同时代、不同起源的类群中找到对应的生物，通常，我们也不会失望。比如蓝鲸等须鲸类是滤食性鲸类，这种进食方式造就了它们庞大的体形，我们在鱼类中同样能够找到对应的动物、鲸鲨、姥鲨，以及蝠鲼等。我曾经怀疑过更加遥远的远古是否存在类似的生物，后来的事实证明，是有的——节肢动物版的。

这个消息是在2015年来自非洲的摩洛哥。彼得–万·罗伊（Peter Van Roy）等人在那里找到了一种长相怪异的虾形动物化石，

蓝鲸，地球有史以来体形最大的动物

图片来源：Richard Carey/Adobe Stock/ 图虫创意

模样看起来有点像科幻片中的外星飞船。化石距今约4.8亿年，属于奥陶纪早期。这是一具保存近乎完整的三维化石，也就是说，它没有像很多节肢动物一样被岩层压扁，还保存着生前的体形。据估计，这种动物的体长可以接近两米。它的大头盖长度超过了身体的三分之一，看起来非常显眼。这也给了科学家命名的灵感，以挪威神话中的海神和巨大的头盔两个意向给它命名为本氏海神盔虾（*Aegirocassis benmoulai*）。

在这个标本上，另一个有趣的地方是它的嘴巴前面，那里有

本氏海神盔虾场景复原图
图片来源：刘野 绘

蝠鲼的头鳍很灵活，不仅可以摆动，还可以卷成圆筒状，用来聚拢口边的食物
图片来源：imageBROKER/图虫创意

很多像小刷子一样的结构。那是它嘴旁的附肢，上面细密的刷毛可以阻拦住水中的小型浮游生物，然后弯曲附肢将食物送进嘴巴里。这相当于随身携带着一把扫帚，可以把海水里的好吃的扫进嘴巴里。这一点，和后来的蝠鲼也是趋同演化。

虽然2米长的体形在今天看来也不算太大，但是在那个动物早期演化的时代，绝对就属于巨无霸了。由于这样的体形，我们可以推断本氏海神盔虾应该是生活在较深的海域的。它很可能是通过摆动靠近腹部的这些小翅膀一样的侧皮瓣来拨动海水前进的。这些侧皮瓣被认为和今天节肢动物的步足有同源关系，或者说，今天昆虫和螃蟹的脚之类的结构，其实是由远古这些小翅膀一样的结构演化过来的——当时它们是运动器官，今天它们还是运动器官，只是过去是用来游泳的，而现在用来爬行。

在那个时代的动物眼中，本氏海神盔虾就是鲸鲨，是蓝鲸。所以我们可以想象，本氏海神盔虾的生活应该就像今天的鲸鲨一样，

也是被小动物前呼后拥的。甚至一些早期的脊椎动物祖先也有可能和它一同游泳，并且不时在它身上停歇，它们希望被具有巨大体形的生物庇护，同时也捞一些好处，比如吃掉本氏海神盔虾身上的寄生虫或者海藻。本氏海神盔虾只要能够长大，应该就不会再有什么天敌，所以，它们多半能活很久。当它们死后，尸体会

倘若演化再次发生，地球的景象也许会变得既陌生又熟悉。当然，这样的景象你也许同样有可能在某个类地行星上看到

图片来源：dottedyeti/Adobe Stock/ 图虫创意

沉入海底或者冲上浅滩，其中一些会被掩埋，并有极小的概率变成化石而保存至今，最终才被我们所发现。

我们有太多的例子来证明在相似的生境下会发生相似的演化，就如造礁珊瑚在地球历史上被摧毁过多次，但又多次重新演化出来，甚至在某段历史时期内，贝类还充当过主要的造礁类群。

似是而非，大概是再次发生演化的特点

图片来源：Michael Rosskothen/Adobe Stock/ 图虫创意

也正是因为如此，让我们有理由相信，倘若回到最初，让演化重新开始，今天的鸟类、哺乳类乃至人类应该都不会再次出现，但地球上会生活着看起来差不多的生物，你依然会在海中看到鱼形的碳基生命，会在天空中看到类似飞鸟的动物，会在大地上看到用脚奔跑的动物。

当你深入这些生物的身体内部，你会看到类似骨骼的结构，会看到类似神经的结构，甚至还有可能看到类似血管的结构，它们甚至会有心脏！不过未必只有一颗，而且所在的位置说不定也和你想的不太一样。

但当我们想更深入研究它们的遗传学和分子生物学机理的时候，则很可能会发现，当代针对遗传物质的测序技术完全无法使用，说不定在从细胞中提取 DNA 这个最初步骤时就会卡住——它们可能有一些类似 DNA 一样执行遗传功能的大分子，但它们没有 DNA。

主要参考文献

Alegret L, Kyger ET, Lohmann C. 2012. End-Cretaceous marine mass extinction not caused by productivity collapse. ***PNAS*** 109. 728–732.

Baker LJ, Freed LL, Easson CG,..., Hendry TA. 2019. Diverse deep-sea anglerfishes share a genetically reduced luminous symbiont that is acquired from the environment. ***eLife*** 8, e47606.

Benton MJ. 1995. Diversification and extinction in the history of life. ***Science*** 268:52-58.

Bi XP, Wang K, Yang LD, ..., Zhang GJ. 2021. Tracing the genetic footprints of vertebrate landing in non-teleost ray-finned fishes. ***Cell*** 184, 1377–1391.

Bond M, Tejedor MF, Campbell JKE, ..., Goin F. 2015. Eocene primates of South America and the African origins of New World monkeys. ***Nature*** 520, 538–541.

Boyce CK, Lee JE. 2017. Plant Evolution and Climate Over Geological Timescales. ***Annual Review of Earth and Planetary Science*** 45, 61–87.

Chen A, Feng HZ, Zhu MY, ..., Li M. 2003. A New Vetulicolian from the Early Cambrian Chengjiang Fauna in Yunnan of China. ***Acta Geologica Sinica*** 77, 281–287.

Chen ZQ, Benton MJ. 2012. The timing and pattern of biotic recovery following the end-Permian mass extinction. ***Nature Geoscience*** 5, 375–383.

Choo B, Zhu M, Qu QM, ..., Zhao WJ. 2017. A new osteichthyan from the late Silurian of Yunnan, China. ***Plos One***, DOI: 10.1371/journal.pone.0170929.

Deng T, Wang XM, Wu FX, ..., Hou SK. 2019. Review: Implications of vertebrate fossils for paleo-elevations of the Tibetan Plateau. ***Global and Planetary Change*** 174, 58–69.

Dunn CW, Hejnol A, Matus DQ, ..., Giribet G. 2008. Broad phylogenomic sampling improves resolution of the animal tree of life. ***Nature*** 452, 745–749.

Feuda R, Dohrmann M, Pett M, ..., Pisani D.Improved Modeling of Compositional Heterogeneity Supports Sponges as Sister to All Other Animals. ***Current Biology*** 27, 3864–3870.

Fields BD, Melott AL, Ellis J, ..., Thomas BC. 2020. Supernova triggers for end-Devonian extinctions. ***PANS*** 117, 21008–21010.

Floc'h K, Lacroix F, Servant P, ..., J Timmins J. 2019. Cell morphology and nucleoid dynamics in dividing Deinococcus radiodurans. ***Nature Communications*** 10, 3815.

Fu Q, Diez JB, Pole M, ..., Wang X. 2018. An unexpected noncarpellate epigynous flower from the Jurassic of China. ***eLife*** 7, e38827.

Gensel PG, Edwards D (eds.). 2001. Plants Invade the Land: Evolutionary and Environmental Approaches. Columbia Univ. Press: New York.

Glover AG, Wiklund H, Taboada S, ..., Dahlgren TG. 2013. Bone-eating worms from the Antarctic: the contrasting fate of whale and wood remains on the Southern Ocean seafloor. ***Proceedings of the Royal Society B*** 280, 20131390.

Hallam A. 1986. The Pliensbachian and Tithonian extinction events. ***Nature*** 319: 765–768.

Han J, Morris SC, Ou Q, ..., Huang H. 2017. Meiofaunal deuterostomes from the basal Cambrian of Shaanxi (China). ***Nature*** 542, 228–231.

Haug CH, Haug JT. 2017. The presumed oldest flying insect: more likely a myriapod?. PeerJ 5, e3402.

He WH, Shi GR, Twitchett RJ, ..., Xiao YF. 2015. Late Permian marine ecosystem collapse began in deeper waters: evidence from brachiopod diversity and body size changes. ***Geobiology*** 13, 123–138.

Heck PR, Greer J, Kööp L,..., Wielerg R. 2020. Lifetimes of interstellar dust from cosmic ray exposure ages of presolar silicon carbide. ***PNAS*** 117, 1884–1889.

Higgs ND, Gates AR, Jones DOB. 2014. Fish Food in the Deep Sea: Revisiting the Role of Large Food-Falls. ***PLoS One*** 9, e96016.

Hu YM, Meng J, Wang YQ, Li CK. 2005. Large Mesozoic mammals fed on young dinosaurs. Nature 433, 149–152.

Huang JD, Motani R, Jiang DY, ..., Zhang R. 2020. Repeated evolution of durophagy during ichthyosaur radiation after mass extinction indicated by hidden dentition. ***Scientific Reports*** 10, 7798.

Janvier P. 1999. Catching the first fish. ***Nature*** 402, 21–22.

Jiang DY, Motani R, Huang JD, ..., Zhang R. 2016. A large aberrant stem ichthyosauriform indicating early rise and demise of ichthyosauromorphs in the wake of the end-Permian extinction. ***Scientific Reports*** 6, 26232.

Marshall JEA, Lakin J, Troth I, Wallace-Johnson SM. 2020. UV-B radiation was theDevonian-Carboniferous boundary terrestrial extinction kill mechanism. ***Science Advances*** 6, eaba0768.

Kammerer CF. 2011. Systematics of the Anteosauria (Therapsida: Dinocephalia). ***Journal of Systematic Palaeontology*** 9, 261–304.

Kay RF. 2015. New World monkey origins. ***Science*** 347, 1068–1069.

Kinoshita A, Baffa O, Mascarenhas S. 2018. Electron spin resonance (ESR) dose measurement in bone of Hiroshima A-bomb victim. ***PLoS One*** 13, e0192444.

Lavelle M. 2015. Moveable feast: As fish stocks move in response to warming regulators struggle to keep pace. ***Science*** 350, 760–763.

Lazcano A, Miller S L. 1996. The origin and early evolution of life: Prebiotic chemistry, the pre-RNA world, and time. Cell 85: 793–798.

Ledin AE, Styrsky JD, Styrsky JN. 2020. Friend or Foe? Orb-Weaver Spiders Inhabiting Ant–Acacias Capture Both Herbivorous Insects and Acacia Ant Alates. ***Journal of Insect Science*** 20, DOI: 10.1093/jisesa/ieaa076.

Levin LA, Bris NL. 2015. The deep ocean under climate change. **Science** 350, 766–768.

Li C, Rieppel O, LaBarbera MC. 2004. A Triassic Aquatic Protorosaur with an Extremely Long Neck. **Science** 305, 1931.

Lin SM, Baek CY, Jung JH, ..., Lim SY. 2020. Antioxidant Activities of an Exopolysaccharide (DeinoPol) Produced by the Extreme Radiation-Resistant Bacterium Deinococcus radiodurans. **Scientific Reports** 10, 55.

Liu Y, Scholtz G, Hou XG. 2015. When a 520 million-year-old Chengjiang fossil meets a modern micro-CT-a case study. **Scientific Reports** 5, 12802.

Lü JC, Yi LP, Brusatte SL,..., Chen L. 2014. A new clade of Asian Late Cretaceous long-snouted tyrannosaurids. **Nature Communications** 5, 3788, 1–10.

Lucas SG, Zeigler KE (eds.). 2005. The Nonmarine Permian. **New Mexico Museum of Natural History and Science Bulletin** 30.

Landman NH, Davis RA, Mapes RH. 2007. Cephalopods Present and Past: New Insights and Fresh Perspectives. Spriger.

Marshall LG. 1988. Land mammals and the Great American Interchange. **American Scientist** 76, 380–388.

Moroz LL, Kocot KM, Citarella MR, ..., Kohn AB. 2004. The ctenophore genome and the evolutionary origins of neural systems. **Nature** 510, 109–114.

Muizon CD, McDonald HG. 1995. An aquatic sloth from the Pliocene of Peru. **Nature** 375, 224-227.

Napier W M, Wickramasinghe J T, Wickramasinghe N C. The origin of life in comets. **International Journal of Astrobiology**, 2007, 6: 321-323

Olson EC. 1962. Late Permian Terrestrial Vertebrates, U. S. A. and U. S. S. R. 1962. **Transactions of the American Philosophical Society** 52, 1–224.

Ott E, Kawaguchi Y, Kölbl D, ..., Milojevic T. 2020. Molecular repertoire of Deinococcus radiodurans after 1 year of exposure outside the International Space Station within the Tanpopo mission. **Microbiome** 8, 150.

Pawlika Ł,Bumab B, Šamonilc P, ..., Malik I. 2020. Impact of trees and forests on the Devonian landscape and weathering processes with implications to the global Earth's system properties - A critical review. **Earth-Science Reviews** 205, 2–17.

Pimiento C, Clements CF. 2014. When did Carcharocles megalodon become extinct? A New Analysis of the Fossil Record. **PLoS One** 9, e 111086.

Pimiento C, Ehret DJ, MacFadden BJ, Hubbell G. 2010. Ancient Nursery Area for the Extinct Giant Shark Megalodon from the Miocene of Panama. **Plos One** 5, e 10552.

Pino M, Astorga GA (Eds). 2020. AstorgaPilauco: A Late Pleistocene Archaeo-paleontological Site. Springer.

Putnam NH, Srivastava M, Hellsten U, ..., Rokhsar DS. 2007. Sea Anemone Genome Reveals Ancestral Eumetazoan Gene Repertoire and Genomic Organization. **Science** 317, 86–94.

Ramskold L. 1992. The second leg row of Hallucigenia discovered. **Lethaia** 25, 221–224.

Retallack GJ. Ediacaran life on land. **Nature** 493, 89–92.

Romano M, Manucci F. 2019. Resizing Lisowicia bojani: volumetric body mass estimate and 3D reconstruction of the giant Late Triassic dicynodont. **Historical Biology**, DOI: 10.1080/08912963.2019.1631819.

Roy PV, Daley AC, Briggs DEG. 2015. Anomalocaridid trunk limb homology revealed by a giant filter-feeder with paired flaps. **Nature** 522, 77–80.

Ryan JF, Pang K, Schnitzler CE, ..., Baxevanis AD. 2013. The genome of the ctenophore Mnemiopsis leidyi and its implications for cell type evolution. **Science** 342, 1242592.

Orlov AM, Orlova SY, Volkov AA, Pelenev DV. 2015. First record of humpback anglerfish (Melanocetus johnsonii) (Melanocetidae) in Antarctic waters. **Polar Research** 34, 25356.

Schubert BW, Chatters JC, Arroyo-Cabrales J,..., Erreguerena PL. 2019. Yucatán carnivorans shed light on the Great American Biotic Interchange. **Biology Letters** 5, DOI: doi.org/10.1098/rsbl.2019.0148.

Shu DG, Luo HL, Morris SC, ..., Chen LZ. 1999. Lower Cambrian vertebrates from south China. ***Nature*** 402, 42–46.

Shu DG, Morris SC, Zhang XL. 1996. A Pikaia-like chordate from the Lower Cambrian of China. ***Nature*** 384, 157–158.

Shu DG, Morris SC, Han J, ..., Liu JN. 2001. Primitive deuterostomes from the Chengjiang Lagerstätte (Lower Cambrian, China). ***Nature*** 414, 419–424.

Simion P, Philippe H, Baurain D, ...,Manuel M. 2017. A Large and Consistent Phylogenomic Dataset Supports Sponges as the Sister Group to All Other Animals, ***Current Biology*** 27, 958–967.

Siraj A, Loeb A. 2019. 'Oumuamua's Geometry Could Be More Extreme than Previously Inferred. ***Research Notes of the AAS***, DOI: 10.3847/2515-5172/aafe7c.

Spalding MD, Brown BE. 2015. Warm-water coral reefs and climate change. ***Science*** 350, 769–771.

Stigall AL, Jennifer E. Bauer, Adriane R. Lam, David F. Wright. 2016. Biotic immigration events, speciation, and the accumulation of biodiversity in the fossil record. ***Global and Planetary Change***, DOI: 10.1016/j.gloplacha.2016.12.008.

Smith CR, Bernardino AF, Baco A, ..., Altamira I. 2014. Seven-year enrichment: macrofaunal succession in deep-sea sediments around a 30 tonne whale fall in the Northeast Pacific. ***Marine Ecology Progress Series*** 515, 133-149.

Smith CR, Glover AG, Treude T, ..., Amon DJ. 2015. Whale-Fall Ecosystems: Recent Insights into Ecology, Paleoecology, and Evolution. ***The Aunual Review of Marine Science*** 7, 571–596.

Smith KE, Thatje S, Hanumant H,...,Aronson RB. 2014. Discovery of a recent, natural whale fall on the continental slope off Anvers Island, western Antarctic Peninsula. Deep-Sea Research I 90, 76–80.

Smith MR, Caron JB. 2015. Hallucigenia's head and the pharyngeal armature of early ecdysozoans. ***Nature*** 523, 75–78.

Streel M, Caputo MV. Lovboziak S, Melo JHG. 2000. Late Frasnian- Famennian climate: based on palynomorph analyses and the question of the Late Devonian glaciation. ***Earth-Science Reviews*** 52, 121–173.

Sulej T, Niedźwiedzki G. 2019. An elephant-sized Late Triassic synapsid with erect limbs. ***Science*** 363: 78–80.

Sumida PYG, Alfaro-Lucas JM, Shimabukuro M, ..., Fujiwara Y. 2016. Deep-sea whale fall fauna from the Atlantic resembles that of the Pacific Ocean. ***Scientific Reports*** 6, 22139.

Sydeman WJ, Poloczanska E, Reed TE, Thompson SA. 2015. Climate change and marine vertebrates. ***Science*** 350, 772–777.

Takasaki R, Fiorillo AR, Kobayashi Y, ..., McCarthy PJ. 2019. The First Definite Lambeosaurine Bone From the Liscomb Bonebed of the Upper Cretaceous Prince Creek Formation, Alaska, United States. ***Scientific Reports*** 9, 5384.

Thurber AR, Jones WJ, Schnabel K. 2011. Dancing for Food in the Deep Sea: Bacterial Farming by a New Species of Yeti Crab. PLoS One 11, e26243.

Vázquez P, Clapham ME. 2017. Extinction selectivity among marine fishes during multistressor global change in the end-Permian and end-Triassic crises. ***Geological Society of America***, DOI: 10.1130/G38531.1.

Wang K, Wang J, Zhu CL, ..., Wang W. 2021. African lungfish genome sheds light on the vertebrate water-to-land transition. ***Cell*** 184, 1362–1376.

Winkelmann I, Campos PF, Strugnell J, ..., Gilbert MTP. 2013. Mitochondrial genome diversity and population structure of the giant squid Architeuthis: genetics sheds new light on one of the most enigmatic marine species. ***Proceedings of the Royal Society B*** 280, 20130273.

Xing LD, McKellar RC, Xu X, ..., Currie PJ. 2016. A feathered dinosaur tail with primitive plumage trapped in mid-Cretaceous amber. ***Current Biology*** 26, 3352–3360.

Xing DL, Niu KC, Lockley MG, ..., Brusatte SL. 2019. A probable tyrannosaurid track from the Upper Cretaceous of southern China. ***Science Bulletin***, DOI: 10.1016/j.scib.2019.06.013.

Xing LD, Parkinson AH, Ran H, ..., Choiniere J. 2016. The earliest fossil evidence of bone boring by terrestrial invertebrates, examples from China and South Africa. ***Historical Biology*** 28(8): 1108–1117.

Xing LD, Rothschild BM, Ran H, ..., Dong ZM. 2015. Vertebral fusion in two Early Jurassic sauropodomorph dinosaurs from the Lufeng Formation of Yunnan, China. ***Acta Palaeontologica Polonica*** 60, 643–649.

Yang CT, Zhou Y, Marcus S,...,GJ Zhang. 2021. Evolutionary and biomedical insights from a marmoset diploid genome assembly. ***Nature*** 594, 227–233.

Zanno LE, Tucker RT, Canoville A, ..., Makovicky PJ. 2019. ***Communications Biology*** 2, 64, 1–12.

Zhai DY, Ortega-Hernández J, Wolfe JM, ..., Liu Y. 2018. Three-Dimensionally Preserved Appendages in an Early Cambrian Stem-Group Pancrustacean. ***Current Biology*** 29, 171–177.

Zhao FC, Bottjer DJ, Hu SX, ..., Zhu MY. 2013. Complexity and diversity of eyes in Early Cambrian ecosystems. ***Scientific Reports*** 3, 2751.

Zhou F, Zhao W, Zuo Z, ..., Zhou R. 2010. Characterization of androgen receptor structure and nucleocytoplasmic shuttling of the rice field eel. ***Journal of Biological Chemistry*** 285, 37030-37040.

Zhou Y, Shearwin-Whyatt L, Li J, ..., Zhang GJ. 2021. Platypus and echidna genomes reveal mammalian biology and evolution. ***Nature*** 592, 756–762.

Zhu M. 2014. Bone gain and loss: insights from genomes and fossils. ***National Science Review*** 1, 490–497.

Zhu M, Zhao WJ, Jia LT, ..., Qu QM. 2009. The oldest articulated osteichthyan reveals mosaic gnathostome characters. ***Nature*** 458, 469–474.

Zhu M, Yu XB, Ahlberg PE, ..., Zhu YA. 2013. A Silurian placoderm with osteichthyan-like marginal jaw bones. ***Nature*** 502, 188–194.

Zhu M, Zhao WJ. 2009. The Xiaoxiang Fauna (Ludlow, Silurian) - a window to explore the early diversification of jawed vertebrates. ***Rendiconti della Società Paleontologica Italiana*** 3, 357–358.

爱德华·威尔逊，杨玉龄（译）. 2016. 生命的未来. 北京：中信出版集团.

爱德华·威尔逊，金恒镳（译）. 2016. 缤纷的生命. 北京：中信出版集团.

阿西莫夫，周惠民. 1979. 生命的起源. 北京：科学出版社.

贝时璋等. 1992. 中国大百科全书（生物卷）. 北京：中国大百科全书出版社.

布莱恩·考斯克，李剑龙（译），叶泉志（译）. 2014. 宇宙的奇迹. 北京：人民邮电出版社.

蔡家琛，赵文金，朱敏. 2020. 云南曲靖志留纪含鱼地层关底组的划分与时代. 古脊椎动物学报 58, 249–266.

曹慧慧，王昌留. 2011. *Sox* 基因家族特点及其功能. 鲁东大学学报（自然科学版）27, 58–63.

陈立，邢瑞云，董俊兴. 2008. ***Deinococcus*** 属细菌分类和应用研究进展. 微生物学杂志 28, 73–76.

陈仲中，王梁燕，林军，田兵，华跃进. 2006. 耐辐射奇球菌 ***Deinococcus radiodurans*** 中的非编码 RNA. 核农学报 20, 383–387.

邓涛，吴飞翔，苏涛，周浙昆. 2020. 青藏高原——现代生物多样性形成的演化枢纽. 中国科学：地球科学 50, 177–193.

崔之久，陈艺鑫，张威，…，张梅，李川川. 2011. 中国第四纪冰期历史、特征及成因探讨木. 第四纪研究 31, 749–764.

达尔文，笃庄（译），杨习之（译）. 2009. 人类的由来及性选择. 北京：北京大学出版社.

达尔文，刘连景（译）. 2014. 物种起源. 北京：新世界出版社.

达尔文，詹姆斯·科斯塔（注），李虎（译）. 2021. 物种起源（现代注释版）. 北京：清华大学出版社.

道格拉斯·帕尔默，张超斌（译）. 2018. 史前世界大图鉴. 北京：中国民族摄影艺术出版社.

丁国骅，杨晶，徐大德，李宏，计翔. 2010. 爬行动物的温度依赖型性别决定. 生态学杂志 29, 2028–2034.

冯伟民. 2017. 从原核到真核的早期生命演化. 化石 3, 62–65.

格雷戈里·S. 保罗，邢立达（译）. 2016. 普林斯顿恐龙大图鉴. 长沙：湖南科学技术出版社.

江泓，董子凡. 2014. 冰河世纪. 北京：人民邮电出版社.

《科学新闻》杂志社，陈方圆（译），蔡晶晶（译）. 2018. 生命与进化. 北京：电子工业出版社.

理查德·道金斯，王道还（译）. 2016. 盲眼钟表匠. 北京：中信出版集团.

理查德·穆迪，安德烈·茹拉夫列夫，杜戈尔·迪克逊，…，王烁（译），王璐（译）. 2019. 地球生命的历程. 北京：人民邮电出版社.
理查德·O. 普鲁姆，任烨（译）. 2019. 美的进化. 北京：中信出版集团.
黎虹玮，李飞，胡广，谭秀成，李凌. 2016. 二叠纪—三叠纪之交全球海平面变化研究. 沉积学报 34，1077–1091.
李辉，金雯俐. 2020. 人类的起源和变迁之谜. 上海：上海科技教育出版社.
李明峰. 2002. 关于黄鳝的性逆转. 四川动物 21，27–28.
莉萨-安·格什温. 王晨（译）. 2018. 水母之书. 重庆：重庆大学出版社.
黎彤. 1976. 化学元素的地球丰度. 地球化学 3，167–174.
李一良，孙思. 2016. 地球生命的起源. 科学通报 61，3065–3078.
梁露尹. 2020. 第四纪冰期对我国植物区系与植被的影响. 中国地理 324，51，53.
马德如. 1977. 关于生命的多源发生和它的意义. 生物化学与生物物理学报 9，223–235.
马丁·里斯，余恒（译），张博（译），王靓（译），王燕平（译）. 2014. 宇宙大百科. 北京：电子工业出版社.
马啸，王金生. 2012. 砷的地球化学成因. 地球科学进展 27，388–389.
迈克尔·艾伦·帕克，陈素珍（译）. 2014. 生物的进化. 济南：山东画报出版社.
冉浩. 2014. 蚂蚁之美：进化的奇景. 北京：清华大学出版社.
冉浩，何全. 2014. 走进"新"时代 生命史上的"大爆发". 博物 4，34-39.
冉浩. 2020. 非主流恐龙记. 北京：中国科学技术出版社.
冉浩. 2020. 动物王朝. 北京：中信出版集团.
冉浩. 2021. 寂静的微世界. 北京：中信出版集团.
冉浩，周善义. 2011. 中国蚁科昆虫名录——蚁型亚科群（膜翅目：蚁科）（Ⅰ）. 广西师范大学学报（自然科学版）29(3): 65–73.
冉浩，周善义. 2012. 中国蚁科昆虫名录——蚁型亚科群（膜翅目：蚁科）（Ⅱ）. 广西师范大学学报（自然科学版）30(4): 81–91.
钱迈平. 2003. 地球早期生命环境的演化. 资源调查与环境 24，62–68.
屠振力，方俐晶，王家刚. 2012. 抗辐射菌 ***Deinococcus radiodurans*** 的多样性. 生态学报 32，1318–1326.
托姆·霍姆斯，丁欣如（译）. 2017. 史前地球：第一代脊椎动物. 上海：上海科学技术文献出版社.
托姆·霍姆斯，司炳月（译），朱琛璐（译）. 2017. 史前地球：哺乳动物的崛起. 上海：上海科学技术文献出版社.
斯蒂芬·杰·古尔德，郑浩（译）. 2019. 奇妙的生命. 海口：海南出版社.
沈树忠，张华. 2017. 什么引起五次生物大灭绝？. 科学通报 62，1119–1135.
沈文杰，钟莉莉，林杨挺，…，周永章. 2014. 二叠纪-三叠纪野火间断事件对生物灭绝的响应——以浙江煤山剖面为例. 中山大学学报（自然科学版）53，19–26.
斯科特·理查德·肖，雷倩萍（译），刘青（译）. 2018. 虫虫星球. 北京：中国友谊出版公司.
藤井久子，曹子月（译）. 2019. 苔藓图鉴. 北京：中国轻工业出版社.
王淳秋，罗毅波，台永东，…，寇勇. 2008. 蚂蚁在高山鸟巢兰中的传粉作用. 植物分类学报 46，836–846.
王培潮. 1989. 环境决定爬行动物性别研究的进展. 生态学报 9，84–90.
吴坚，王常禄. 1995. 中国蚂蚁. 北京：中国林业出版社.
肖恩·卡罗尔，王晗. 2012. 无尽之形最美. 上海：上海世纪出版集团.
肖亚梅. 1992. 黄鳝"性逆转"一词小议. 生物学杂志 47，48&20.
杨超，聂刘旺. 2003. 两栖爬行动物性别决定的研究进展. 安徽师范大学学报（自然科学版）26: 169–172.
杨志根. 2001. 地球轨道根数变化与第四纪冰期. 天文学进展 19，445–456.
约翰·A. 朗，吴奕俊（译），郭恩华（译）. 2019. 鱼类的崛起. 北京：电子工业出版社.
赵玉芬. 2004. 化学进化与生命起源. 科学中国人 6，17–20.
张振. 2019. 人类六万年. 北京：文化发展出版社.
朱幼安，朱敏. 2014. 大鱼之始——曲靖潇湘动物群中发现志留纪最大的脊椎动物. 自然杂志 36，397–403.

附　录

地球的历史

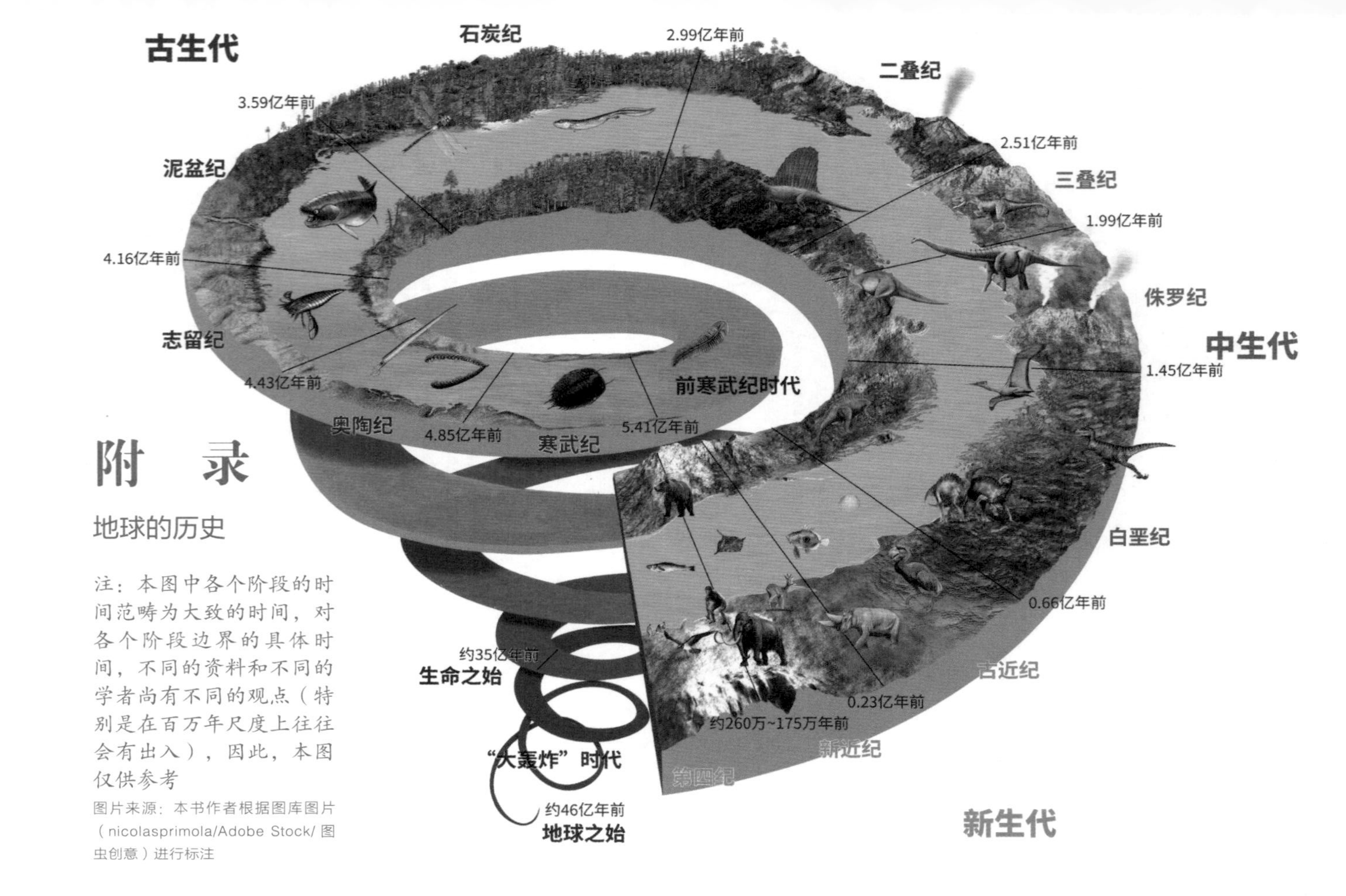

注：本图中各个阶段的时间范畴为大致的时间，对各个阶段边界的具体时间，不同的资料和不同的学者尚有不同的观点（特别是在百万年尺度上往往会有出入），因此，本图仅供参考

图片来源：本书作者根据图库图片（nicolasprimola/Adobe Stock/图虫创意）进行标注

后　记

亲爱的读者，当您看到这里的时候，这本书就要收尾了。我很开心您能一直读到这里，就像我在过去某本书里所说，虽然我们素未谋面，但已经有了思想的碰撞。您不必完全赞同我或者这本书的观点，但倘若你感觉能有所收获，那便已经达到了本书撰写的目的。

尽管这本书涵盖了演化中相当多的大事件，但并没有完全按照时间顺序对这些事件进行介绍，倘若您有兴趣，可以重新将本书的内容进行整理，也许还是一件挺有意思的事情。当然，这本书离完全把演化这件事情讲清楚，可能还差得挺远，一方面我个人对演化的理解还有再进步的空间，另一方面它只是我个人规划的演化系列图书中的第一本。在未来，我会随着自己见识和阅历的增加，写出更多的演化书。

至于本书中内容的正确性，只能代表当下。这是一个科学飞速发展的时代，今天言之凿凿的观点也许明天就会被推翻。数十年之后，也许我们对自然和演化的观点也会发生翻天覆地的变化。尽管在可以预见的未来，遗传变异和自然选择的基本理论没有动摇的可能，但对于某个演化过程的解读及一些细节知识仍将快速变化。就在我们为本书的出版忙碌时，古生物学者们就在我国境内又发表了一个被定名为龙人（*Homo longi*）的古人种，而在稍早之前来自深海的研究还找到了深渊生物可能会利用红外线的证据。

所以，即使我已经尽可能努力地去使用那些可以保持正确很久的观点，但一切还请以最新的研究成果为准。甚至如果将来我自己的书在知识上彼此有冲突，同样请以后出版的那本书为准。希望我在这里写下这些有先见之明的文字，我们在多年后回望这本书的时候，能够会心地一笑。

抛开未来，至少在当下，我认为这本书达成了我的写作目标。这本书的创作同样非常不容易，除了查阅大量中外资料以外，还对我的朋友和我们课题组相关的研究人员采取了不断“骚扰”的行动，以期能够从他们那里榨取更多的信息，有可能的话，也帮我纠正一些错误。我非常开心他们都很乐意提供帮助。尽管我是抱着认真写一本书的态度来工作的，但限于个人能力，错误仍难以避免，甚至会包括一些低级错误，也希望读者能够不吝指正。在此先行致谢！

此外，尽管我已经准备创作其他的演化书，但是可能还是需要再等一段时间。如果您对我的写作风格很感兴趣，也可以找其他的书来看看。我先前有一本《非主流恐龙记》是讲亲身经历的恐龙研究故事，还有一本《动物王朝》介绍了动物的社会性演化，如果您对人类病原微生物的变化发展有兴趣，则可以选择《寂静的微世界》，它们都是不错的书，值得一读。

最后，祝您在接下来的日子学习、工作和生活愉快！再见！

冉浩

2022年7月